역사는

앞으로만

나아가지 않는다

역사는 앞으로만
나아가지 않는다

초판 1쇄 인쇄 2021년 8월 25일
초판 1쇄 발행 2021년 8월 30일

지은이 이석연
펴낸이 전익균, 송창연

펴낸곳 새빛컴즈
유 통 새빛북스
전 화 (02) 2203-1996, 031)427-4399 **팩스** (050) 4328-4393
출판문의 및 원고투고 이메일 saevitcomms@naver.com
등록번호 제296-87-02162호 **등록일자** 2010. 7. 12

값 14,000원
ISBN 979-11-974717-1-1(03980)
* 잘못 만들어진 책은 구입하신 곳에서 바꾸어 드립니다.

이석연의 이집트 · 터키 인문 탐사 기행기

역사는 앞으로만 나아가지 않는다

글 · 사진 이석연

SAEVIT COMMS

Prologue

여행, 내 안으로 흘러들어오는 이시(異時)의 선율들

고고학적 유물과 인정받은 사료, 고문서를 선입견 없이 추적하노라면 인류가 꾸준히 진보해 왔다는 기존의 견해는 반드시 수정되어야 한다는 확신을 얻게된다.

– 헤르만 빌트

여행은 새로운 풍경을 보는 것이 아니라 새로운 시야를 찾아가는 과정이다. 그 과정은 결국 자기 자신에 대한 반성이자 성찰의 계기가 되고 자기탐구의 길이 된다. 떠도는 자(호모 바르투스)는 나그넷길에 머물 때 아름답고, 발상의 전환이 이루어진다. 아르고(Argo) 원정대를 이끌고 흑해의 험난한 바다를 뚫고 콜키스에서 황금 모피를 손에 넣어 나라를 되찾은 그리스신화의 영웅 이아손(Iason)도 모험을 마치고 정착하자 더 이상 영웅이 아니었다. 고향인 이올코스에 정착한 그의 뒤끝은 누추했다.

나는 생존을 위해 끊임없이 이동하는 유목민처럼 체험할 수 있는 그 모든 것을 하나도 놓치지 않으려고 움직이고 또 움직였다.

역사를 알고 여행하는 사람은 인생을 두 배로 산다는 말을 가슴에 안고 보다 더 넓은 시야를 얻기 위해 틈나는 대로 공부하며 여행했다. 여행은 온몸으로 떠나는 독서라는 말이 있듯이 여행과 독서는 나의 정신을 일깨워 주는 두 키워드이자 내 인생을 지탱해 주는 두 기둥이다. 독서와 여행을 통해 인간의 삶을 통찰하고 역사의 교훈을 되짚어 보려는 소박한 꿈을 나는 죽는 날까지 멈추지 않을 것이다. 아마 여행지에서 삶을 마감하는 것도 나쁘지는 않을 것이다.

"나의 인생은 여행과 꿈으로 이루어져 있다"는 니코스 카잔차키스의 말을 굳이 원용하지 않더라도 삶 자체가 곧 여행이 아니던가! 이집트, 터키 탐방기 역시 이와 같은 내 삶의 한 단면을 담은 것이다. 그리고 나는 여행하면서 쓰고, 쓰면서 여행한다. 당연히 이 글 대부분은 여행하면서 현지에서 쓴 것이다. 그리고 이를 토대로 '이코노미 조선'에 1년 넘게 연재(2014년 11월 ~ 2015년 12월)된 것을 수정 보완하였음을 밝힌다.

끝으로 한마디 덧붙이고자 한다.

"오후에는 머리를 식힐 겸 세계 명작 추리소설을 흥미진진하게 읽었다. 특히 애거사 크리스티(Agatha Christie)의 소설은 언제 읽어도 빠져든다. '나일강 살인사건', '오리엔탈특급 살인사건'에 푹 빠져

더위를 잊었다. 위 추리소설의 무대를 언젠가 꼭 찾아가리라고 다짐했다."(1978년 8월 18일)

20대 초반 그 질풍노도의 시기 절에서 고시 공부를 할 때 쓴 일기의 한 구절이다. 그로부터 35년 후 나는 위 추리소설의 집필현장(이집트 아스완 올드 카타락트 호텔, 터키 이스탄불 페라 팔레스 호텔)과 그 배경이 된 유적지를 탐사했고 그 내용을 이 책에 담았다.

꿈은 그렇게 이루어진다.

끝으로 본서의 출간을 흔쾌히 맡아주신 도서출판 새빛 전익균 대표님을 비롯하여 편집진 여러분의 노고에 감사드린다.

2021년 8월

이석연 쓰다

추천사 *

연륜과 인격, 해박한 역사 지식과 깊은 사유가 어우러진 여행 명상록

이원복 / 덕성여대 석좌교수, 『먼 나라 이웃나라』 저자

저자는 실학적(實學的)이며 유목적(遊牧的)인 여행을 한다고 밝힌다. 낯선 세계에서 무언가 나와 사회에 이로운 것을 찾아내는 실속과 무엇에도 얽매이지 않고 '진정한 자유' 속에 세상을 어슬렁거리는 즐거움이야말로 우리가 여행에서 얻을 수 있는 가장 큰 보람과 기쁨이 아닐까. 법조인, 시민운동가 등 감성을 드러내서는 안 될 것 같은 활동 영역과는 달리 저자는 따뜻한 가슴과 부드러운 눈길로 세계 구석구석을 스캔한다. 삼십 년 동안 늘 공부하며 사유하며 세계 곳곳을 훑어 온 저자의 책답게 페이지마다 피

---

* 이하의 추천사는 이 책의 전작(前作)에 해당하는 『여행, 인생을 유혹하다』의 추천사를 추천인들의 양해를 얻어 전재하였음을 밝힙니다.

어오르는 그의 지식과 지혜의 향내는 읽는 이의 마음속을 가득 채워준다.

이 책은 여행기가 아니다. 그의 연륜과 인격, 해박한 역사 지식과 깊은 사유가 어우러진 여행 명상록이다. 역사를 알고 여행하는 자는 인생을 두 배로 산다고 했듯이 역사의 지식과 함께 지구촌 이곳저곳을 유목하는 즐거움을 얻을 수 있다. 읽으면 행복해지는 책이다.

추천사

삶의 연장선상에서 나온 또 하나의 명품

김홍신 / 건국대 석좌교수, 작가

사람들은 명품을 가지려고 애를 쓴다.

그러나 스스로 명품이 되면 그가 가진 모든 것이 명품이 된다. 이석연 변호사는 그 인품과 행적만으로도 우리 시대의 명품이다.

법조인다운 통찰력과 덕성은 널리 알려졌고, 시민운동가로서 예리한 판단력으로 조화로운 대책을 제시했으며 공직자다운 준엄함과 다사로운 베풂을 널리 펼쳤다. 그는 일관되게, 불의와 타협하지 않고 한 길로 뚜벅뚜벅 걸어왔다. 그러면서 넉넉한 가슴으로 고달프고 아픈 이들을 포근히 살폈다. 더구나 끊임없이 자신을 갈고닦아 덕망을 쌓아 올렸으니 어찌 우리 시대의 명품이라 하지 않으랴.

이 책은 바로 그와 같은 그의 삶의 연장선상에서 나온 또 하나의 명품이다.

우리들의 기쁨이 되어준 그가 우리 곁에 있어 참 좋다.

일과 삶의 균형을 갈망하는 CEO들에게 강력 추천

김종훈 / 한미글로벌(주) 대표이사 회장

여행은 새로운 것과의 만남이고 설렘이다.

'발칸클럽'이란 여행 클럽을 만들어 세부 일정을 직접 기획하고 필요한 것들을 준비하면서 이런저런 어려움과 불편을 겪어도 매년 거르지 않고 몇 차례 여행을 다니는 것은 준비과정에서 느끼게 되는 새로운 것에 대한 설렘과 행복 때문이다.

또한 여행에서 얻은 생산적인 아이디어를 실행에 옮겨 회사가 창조적으로 발전하는데 여행이 많은 기여를 했다고 나는 확신하고 있다. 따라서 여행은 창조 행위라고 생각한다.

이석연 변호사의 『역사는 앞으로만 나아가지 않는다』는 전작(前作)인 『여행, 인생을 유혹하다』에 이어 그의 여행에 대한 새로운 해석과 법률가, 사회활동가, 독서가에 이어 여행가로서의 진면목과 내공(內功)의 깊이를 확연히 보여주고 있다.

띠라서 이 책은 일과 삶의 균형을 갈망하는 CEO들에게 강력 추천하고 싶은 탁월한 책이다.

추천사

'舞飛 좋아하는 유목민'의 여행

이미도 / 외화번역가, 작가

Book은 창의성을 Book돋웁니다. 창조적 상상력이 춤추며 날도록 자극합니다. 그렇기에 책 속 수많은 세계는 '수줍음 타는 동물(shy animal)'의 여행지입니다. 작가 알랭 드 보통의 설명에 따르자면 shy animal은 '창의적, 독창적 사고(original thoughts)'를 은유합니다. 수줍음 타다 보니 이 동물은 동굴 밖에 잘 안 나오려 합니다. 하지만 우리가 낯선 세계로 여행을 떠나면 녀석도 바깥세상이 궁금해 고개를 내밀고 나옵니다. 이석연 변호사는 무시로 떠나는 shy animal입니다. 어느 정도인가 하면, 중학교를 마치고 절에 들어가 2년 동안 파묻혀 사마천의 『사기』, 괴테의 『파우스트』 등 500권의 책 속 천지사방 세계로 떠났을 만큼의 shy animal입니다. 그에게 여행은 곧 '가지 않은 길'을 찾아 떠나는 독서입니다.

Movie는 舞飛입니다. 춤추며 납니다. 그렇게 춤추며 나는 상상력의 세계 舞飛는 Move, 즉 동사입니다. 동사로 살아가는 유목민도 숙명적으로 舞飛를 좋아합니다. 이석연 변호사도 영화를 무척 즐겨 봅니다. 저의 모든 책을 읽은 애독자이고, 그런 인연으로 그가 법제처장으로 재직할 무렵 여행 중이던 저는 KTX 안에서 전화를 받았습니다. "창조적 상상력을 주제로 한 강연을 의뢰하고 싶습니다." 때는 2009년 1월, 이미 공직사회에 창조와 혁신 문화의 바람을 일으킨 그는 선도자(先導者, first 'mover')입니다. 법제처에서 강연한 후 우리는 교유하며 틈나는 대로 책과 영화와 여행을 소재로 이야기꽃을 피우곤 합니다.

저는 '마음속 지도에 수많은 위도와 경도와 등대를 만드는 것이 여행'이라고 쓰곤 합니다. 위도, 경도, 등대는 친구, 연인, 스승 등의 은유입니다. 그런데 저는 역사문화 탐사기인 전작 『여행, 인생을 유혹하다』와 이 책 『역사는 앞으로만 나아가지 않는다』를 읽고 이석연 변호사의 위도, 경도, 등대는 훨씬 위대한 은유임을 발견합니다. 그것은 곧 인문정신을 북돋우는 문학, 역사, 그리고 철학의 보고인 인문학입니다. 문득 자문해봅니다. "나는 내 인생을 유혹하는 여행을 몇 번이나 해보았을까?" 무척 부끄럽습니다. 그렇기에 이 보배로운 책을 추천하는 저의 글은 영화로 치자면 예고편입니다. 본편 舞飛를 상영하는 영화관은 이 책입니다.

Content

역사는 앞으로만 나아가지 않는다

이슥고, 5000년 성쇠의 현장으로 향하다

– 아라비안나이트의 꿈이 영그는 땅, 두바이

5000년 문명답사의 길, 이집트와 터키의 여정은 이미 오래전에 내 마음속 깊이 각인되어 있었다. 마침 금년(2013년)이 결혼 30주년이어서 이를 대체하는 이벤트로써 아내와 동행하는 탐사의 길을 떠나기로 했다. 20여일간의 일정으로 일단 아랍권의 관문인 두바이를 살펴보고 이집트, 터키를 찾기로 하였다. 모든 일정은 내가 직접 짜고 현지와 조정했다. 비행기만 10번 이상 타고 내리는 도전과 모험이 기다리는 꽤 빡빡하고 고단한 일정이지만 여행의 낭만과 멋도 따르리라고 확신하면서 2013년 5월 2일 오후 두바이 행 대한항공에 탑승했다.

장도(壯途)의 초입에서 히말라야산맥의 장엄한 풍광을 목격하다

이륙 후 2시간이 지나자 내몽골 고비사막의 황량하고 광활한 모습이 펼쳐진다. 기내 차창으로 바라본 광경은 빛바랜 황토고원 이전에 자연의 조화가 이루어낸 신비한 형상이다. 황사의 발원지답지 않게 대기가 청명한 데다 비행고도마저 낮아 차창 너머로 마을까지도 선명하게 시야에 들어온다. 스마트폰으로 몇 장의 사진을 찍어 확대해 보니 큰 도로까지 확연히 나타난다. 계속 이어지는 황톳빛 대지, 산맥과 사막이 어우러진 황홀경에 넋이 나간 채 눈이 쉴 틈이 없다. 이곳이 바로 황사의 발원지이자 사막화의 전초기지(?)가 아닌가 싶다. 사막 군데군데 호수가 보이고 그 주위에 사람의 군락지가 형성되어 있는 모습(물론 오아시스는 아니다)에서 아무리 사막이라지만 일말의 관대함이 드러나는 현상이리라. 아니 신이 점지한 기묘한 자연의 섭리라고 하는 게 맞겠다.

● 기내에서 본 고비사막 - 중간에 큰 호수가 형성돼 있다.

기내영화 「아라비아의 로렌스」(데이비드 린 감독)를 주마간산 격으로 시청했다. 몇 번째 보는 영화다. 스티븐 스필버그 감독은 이 영화와 더불어 「멋진 인생」(프랑크 카프라 감독), 「수색자」(존 포드 감독), 「7인의 사무라이」(구로사와 아키라 감독)를 새 작품을 구상할 때마다 거의 빼놓지 않고 본다고 한다.

1차 세계대전 기간 아라비아에서 활약했던 영국 정보부 장교 T.E.로렌스의 체험을 그린 영화로 상영 시간이 길어 다소 지루한 느낌을 주지만 아름답게 펼쳐지는 장대한 사막의 경관이 대 스펙타클로 펼쳐짐으로써 지루함을 상쇄시켜 준다. 영화의 한 대목이 인상적으로 뇌리에 박혀 온다. 영국인들이 아랍인들과 그 문화를 우습게 보는 듯이 언행을 계속하자 아랍 왕자 왈 "지금은 비록 작은 나라이고 힘이 없지만, 과거에 런던이 작은 촌마을이었을 때 이곳 아랍에는 가로등이 2마일에 걸쳐 설치된 거리가 즐비했다, 불과 600년전 일이다."고 쏘아붙인다. 아랍이 흥성기일 때 너희 서구는 미개하고 보잘것없는 나라였다고 한 방 먹이는 장면이 통쾌했다.

그렇다. 이슬람 왕국 칼리프 왕조의 수도로서 10세기 전후 300여년간 번성했던 스페인의 코르도바! 전성기 인구는 50만(당시 런던 파리는 각 1만과 3만), 대학 13개, 도서관 70개, 모스크 700개, 병원이 50개였고 도로는 포장되어 우마차가 청소했으며 밤에는 가로등이 켜졌다. 당시 유럽에서 가장 문명화되고 번영된 도시였다. 역

● 「아라비아의 로렌스」 영화 포스터

사의 흥망과 성쇠는 이처럼 덧없다.('권말여담 1. 내마음의 여행지, 코르도바' 참조) 역사는 되풀이된다. 역사 앞에 겸허해야 할 이유가 바로 여기에 있다. 지금 나는 그 5000년 성쇠의 현장으로 가고 있다.

코르도바의 로마교 (2012년 4월 답사 때)

이륙 후 5시간쯤 지났을까, 「이집트 역사 다이제스트 100」에 이어 두바이 현황집을 훑어보다가 창문 커튼을 열어젖히고 밖을 내다보았다. 순간 나는 숨이 멎는 듯한 상태에서 창밖의 광경에 벌려진 입과 놀라는 눈이 정지된 듯한 느낌을 받았다. 이륙 후 5시간 경부터 1시간에 걸쳐 펼쳐진 눈 덮인 히말라야산맥과 힌두쿠시산맥의 장엄한 풍경이 바로 그것이었다. 그동안 비행기는 고비사막과 타클라마칸 사막 남부를 지나 히말라야 북동부 상공을 날고 있었다. 네팔 북부에서 파키스탄의 라오르 부근까지 이어지는 해발 7,000m 내지 8,000m의 히말라야산맥과 힌두쿠시산맥이 오후 3~4시(현지시간)의 햇살을 받아 눈 덮인 봉우리로부터 품어내는 자연의 웅장함! 이를 표현하는데 더 이상 무슨 말이 덧붙여지고 필요하랴.

고도 10,000m의 상공에서 7 내지 8,000m의 바로 아래 눈 덮인 수백 개의 설봉을 보는 것은 헬리콥터를 타고 히말라야 상공을 도는 것처럼 아주 가까이에서 눈 덮인 히말라야 산들의 관병식을 열람하는 것과 다름없었다. 더없이 쾌청한 하늘에 간간히 구름이 피어오르는 저 히말라야의 장엄한 풍광을 이처럼 선명하게 바로 가까이서 내려다보는 천운의 기회를 얻게 된 것은 이번 여행의 전혀 뜻밖의 큰 수확이었다. 아니 이런 체험은 돈과 시간이 있다고 얻을 수 있는 것이 아니다. 운이 닿아야만 얻을 수 있는 천재일우의 기회이리라! 출발일 기내에서 맞은 상서로운 기운으로 볼 때 이번 여행은 풍성한 수확과 행운을 얻는 여정이 될 것임이 틀림없으리라고 본다. 낭만과 모험, 도전정신으로 충만한 장도가 되리라. 힘차게 밟아 나가자!

● 기내에서 바라본 히말라야산맥의 장엄한 모습

두바이에서 맛보는 여행의 멋과 격

9시간의 비행 끝에 오후 6시 20분경(현지 시간, 시차 5시간, 서머타임시)에 두바이 공항에 도착했다. 출입국 카드 작성 없이 여권심사만으로 출입국 심사를 대체하고 있다. 섭씨 28도의 습하고 무더운 날씨다. 공항에 나온 정태오 지사장(현대오일뱅크)의 말에 따르면 요즘 이상기온으로서 이 정도 날씨는 예전에 비하여 상당히 낮은 기온으로 며칠째 계속되고 있단다. 곧장 숙소인 하얏트 호텔에 여장을 푸니 벌써 밤이 이슥하다. 사막의 불모지를 불과 20여년 사이에 세계 최대, 최고의 현대식 도심으로 탈바꿈시킨 두바이 지도자의 혜안과 그를 뒷받침한 아랍 석유 자원의 힘이 느껴지는 현장 중의 하나가 바로 이 호텔 주변의 잘 다듬어진 열대우림 같은 정원과 숲이었다. 호텔 5층 객실 테라스에서 두바이 항을 중심으로 화려하게 서 있는 빌딩의 스카이라인과 객실 바로 앞바다에 즐비하게 정박해 있는 요트 등을 바라보면서 아내와 정겨운 담소를 주고받으려니 여행의 멋과 격이란 아니 인생의 깊이란 바로 이런 것이 아닌가 느껴진다.

편안한 잠자리에 설레는 기대감으로 새벽 4시 30분경 기상했다. 객실로 배달된 「Gulf News」의 1면 톱기사가 눈에 확 뜨인다. 두바이를 방문 중인 일본의 아베 신조 총리가 UAE(아랍에미리트 연합국) 정부 수뇌들과 협상을 갖고 핵에너지와 이중 관세 회피 협약,

● 파크하얏트 호텔에서 본 두바이 야경

석유 및 천연가스 협력 등 주요 현안에 대한 협약에 서명했다는 내용이었다. 특히 이날 체결된 아부다비 관광문화청과 일본 파운데이션 사이의 MOU 중에는 일본 서적들을 아랍어로, 아랍 서적을 일본어로 번역하는 협력 내용까지 있어 구체적이고 실질적인 양국의 문화교류 사업이 제시되고 있는 것이 부럽기까지 했다.

중동의 사원 부국이자 지도국으로 부상한 UAE와의 긴밀한 협력을 과시하는 아베 총리의 행보를 이번 여정의 첫 방문국의 첫날 아침에 접하고 우리의 국내외 현실 대처상황에 이르자 착잡하면서도 까닭 모를 분노 비슷한 것이 치밀어 오르기까지 한다. 역사를 제대로 알고선 우리는 일본에 대해 너그러울 수가 없다. 반성할 줄 모르는 일본의 집단적 역사의식의 부재에 대해서는 더욱 그렇다. 일상적 삶에서는 지구상에서 둘째가라면 서러워할 정도로 친절하고 선량한 일본인들의 적극적인 양심회복 운동을 전 지구적 차원에서 전개해야 할 이유도 여기에 있다.

그러나 그런 일본의 태도를 얄밉고 상투적이라고 매도하기에 앞서 우리의 대일(對日) 자세도 한번 되짚어볼 필요가 있다. 우리에게 일본은 가깝고도 먼 나라가 아니라 가깝고도 모르는 나라다. 일본은 들여다보면 빠져들고, 등을 돌리면 잊는다. 그들의 시각으로 우리를 볼 필요는 없으나 그들로부터 배울 것은 배워야 한다. 그들은 우리에게 배웠으나 우리는 그들로부터 배우지 못했다. 우리는 피상적으로, 감정적으로, 일과성으로 그들을 대해 왔다. 배울 수 있고, 받을 수 있는 자가 결국은 더 가지게 된다. 이제 우리도 성숙한 자세로 일본에 대하여 냉정하고 실질적으로 분석하고 대응하는 진정한 극일(克日)의 길을 모색할 때가 되었다.

여행의 진수는 새벽 산책이다. 아침 5시 30분 호텔 주변 산책 겸 조깅에 나섰다. 사막의 도시에 걸맞지 않게 기온과 대기가 청명하고 상쾌하기 이를 데 없다. 호텔 주변을 에워싸고 있는 두바이항의 아름답고 해맑은 정경이 열락의 뜰처럼 정겹고 포근하게 다가온다. 충만함과 극치감이 교차하는 심정을 느끼면서 1시간가량 주변 해변가와 골프장 주위를 걷다 뛰다를 반복했다. 바닷가 연안 부근의「마린 클럽 하우스」에서 본 호텔의 전경은 새하얀 아침 햇살과 어우러져 천상의 서곡을 연주하고 있는 분위기에 빠진 착각을 불러일으키기에 충분했다. 조식 뷔페식당의 음식의 맛, 질, 분위기 또한 기대를 저버리지 않았다.

주지하다시피 두바이는 독립국이 아니라「아랍에미리트 연합」(UAE)을 구성하는 에미리트(토호국) 중 하나이다. UAE는 맏형격인 아부다비를 비롯하여 두바이, 샤르자, 아즈만, 움알-퀘인, 라스 알-카이마, 프자링의 7개 토호국으로 구성되어 있으며 수도는 아부다비이다. 인구는 2012년 기준 826만 명이고 1인당 GDP는 석유 부국답게 47,000여 달러로 세계 최고에 속한다. 인구 140만여 명의 두바이는 UAE의 대표 토호국이자 중동의 허브로서 아라비안나이트의 꿈이 영그는 땅이기도 하다.

자, 이제 말 타고 산책하듯(馳迅) 두바이의 과거와 현재, 그리고 그 명암을 들여다보자.

두바이 일신수필(馹迅隨筆)*

두바이 하면 사막에 급조된 현대 문명의 총아로서 도심 빌딩과 국제 비즈니스 중심지의 분위기만을 연상하기 십상이지만 고대 유적과 걸프만을 중심으로 한 고급 리조트의 풍광과 멋 또한 빠지지 않음을 실감할 수 있었다.

가장 오래된 두바이의 모습을 볼 수 있는 바스타키아 유적지를 찾았다. 중세 아랍 촌의 모습이 비교적 원형대로 유지, 보전된 곳이다. 근처 아브라 스테이션에서 목선을 타면서 두바이의 오래된 생활의 자태를 느껴 보았다. 이 목선은 관광용과 현지인의 교통수단을 겸하고 있다. 목선에서 내려 두바이에서 가장 유명하다는 전통 향신료 시장과 금 시장에 들렀으나 시장은 이른 오전이어서 아직 대부분 문을 열지 않아 한산한 모습이었다.

쉐이크 팔래스, 일명 왕들의 궁전을 찾았다. 궁전 안뜰까지는 개방이 안 되어 주변의 정원과 숲을 거닐면서 공작새의 묘기자랑을 곁들여 잠시 망중한의 여유를 가졌다. 이곳 쉐이크 팔래스에는 UAE연합국 창설 이후 초대 두바이 국왕인 라시드, 현재 왕인 모하메드, 왕세자인 차남 함단 왕자의 궁전 등이 있는 곳이다. 이

* 일신수필. 빠르게 달리는 말위에서 구경을 하고 지나가듯 보고 느낀 것을 생각나는대로 썼다는 뜻으로 박지원의 「열하일기」에 나온다.

● 두바이 바스타키아 유적

● 두바이 바스타키아 유적지에서

어서 찾은 곳은 두바이가 자랑하는 7성급 호텔인 「버즈(현지에서는 버르지라고 발음) 알 아랍」의 전경을 가장 잘 볼 수 있는 쥬메이라 비치와 아틀란티스 호텔로 유명한 인공섬 지역인 팜쥬메리아. 팜쥬메리아 섬의 한 리조트 호텔의 요트장 카페에서 망고쥬스 한잔을 들면서 휴식 겸 담소를 갖는 시간이 더없이 정겹게 다가온다. 오

● 쉐이크 팔레스 입구의 공작새

● 호텔 버즈 알 아랍의 원경

● 두바이 인공섬 팜쥬메리아 한 리조트호텔 카페에서

후 1시 버즈 알 아랍 호텔에서의 오찬은 비록 호텔에 묵지는 못했으나 그 분위기를 느끼기에는 충분했다. 버즈 알 아랍은 숙박객 등 호텔 이용객 외에는 출입을 차단하고 있어 호텔 100m 앞에서 사진 촬영을 하는 관광객의 북적거리는 모습이 눈에 띄었다.

해거름에 「사막 사파리 투어」에 참석하기 위해 호텔을 나섰다. 나는 단체로 진행되는 투어 여행에는 생래적으로 거부반응을 일으키는 성격이다. 때문에 어떤 여행에서든 단체관광 프로그램은

배제하고 그 시간 내가 하고 싶은 일을 하거나 가고 싶은 곳을 따로 찾는다. 때문에 오늘도 호텔에서 유유자적하면서 헬스도 하고, 수영도 하고, 주변 산책도 하고, 글도 쓰고, 책도 읽으면서 보내는 것이 훨씬 더 보람 있고 내실이 있을 것이었다. 그러나 이미 예약된 상태인 데다가 정 지사장의 권유도 있고 하여 그리고 그런 여행을 별로 좋아하지 않던 아내도 주변 성의와 체면 때문인지 그냥 가자고 권하는 바람에 따라나섰다.

특수제작된 사막 사파리용 8인승 4륜구동차에 우리를 비롯해서 팀원이 된 6인을 태우고 1시간 20여 분가량 달려 사막 한가운데 도착했다. 나머지 4인 중 1인은 젊은 일본 여성, 1인은 70대 초반의 호주 남성, 나머지 2인은 벨기에에서 왔다는 중년 부부였다. 별로 내키지 않는 걸음이었지만 이왕 참여한 것 실컷 즐겨보자는 심산으로 드디어 사막 드라이브가 시작된다. 백여 대의 차량이 줄지어 달리면서 벌이는 곡예 운전의 아찔함 속에서 맛보는 짜릿한 느낌이 그만이었다. 중간 기착지에서 내려 나는 신발을 벗고 맨발로 사막의 체온을 느끼면서 모래톱 위를 걸었다. 그렇게 따갑지 않으면서 보드라운, 잘게 빻은 보리밀처럼 사각사각한 사막을 걷는 기분은 그간의 망설임을 상쇄하고도 남는 듯했다. 지평선 너머로 기우는 불덩이 같은 태양과 더불어 밀려오는 사막의 저녁노을과 실루엣은 마치 웅장한 교향곡이 끝난 뒤의 침묵 같은 여운을 주었다. 사막 가운데 세워진 사파리 캠프에 도착

● 두바이 근처 사막투어의 한 때

하여 간단한 저녁 식사와 공연으로 사막체험은 마무리되었다.

이튿날 체크아웃 후 호텔을 출발하여 세계 최고의 높이와 고층을 자랑하는 버즈 칼리파 전망대로 향했다. 높이 828미터, 161층의 위엄을 자랑하는 버즈 칼리파는 세계 제2위의 사우디아라비아의 Mecca Royal Hotel(605m)보다 200여 미터가 더 높은 빌딩으로 삼성건설이 지었다. 아직까지(2013년 5월) 준공허가가 나오지 않고 있어 삼성은 막대한 손해를 입고 있다고 하나 빌딩은 세계적인 이목을 끌면서 이미 명소로 자리 잡고 있었다. 두바이 당국이 총 280억 불에 수주를 주어 건축하다가 2008년 말 전 세계적 금융위기 때 닥친 두바이 경제의 거품현상이 걷어지면서 나타난 두바이 위기 시 그중 250억 달러를 UAE의 형님 격인 아부다비의 쉐이크 카리파 왕(UAE의 국가수반이기도 함)이 대신 내주어 두바이의 부도 사태를 막을 수 있었다. 빌딩의 이름도 「버즈 두바이」에서 「버즈 칼리파」로 바꾸게 되었다.

세계 최대의 실내 쇼핑몰과 이어지는 버즈 칼리파는 세계 각국으로부터 온 많은 관광객으로 붐비고 있다. 124층의 전망대에서 본 두바이와 인근 지역 저 멀리 사막까지 이어지는 시선의 끝은 보는 이를 압도하면서 인간이 이룩한 문명의 끝은 어디까지인지를 반문케 하고 있다. 세계지도를 본뜬 걸프만 앞의 인공섬 건설 프로젝트는 실패한 두바이 모델로서 회자되고 있다. 전망대에서 바라보니 이미 섬의 전체 모습이 매립된 상태로 선명하게 그 실패의, 아니 인간의 그칠 줄 모르는 욕망의 도전에 신의 경고와 자연의 섭리의 준엄한 꾸짖음이 내려 더 큰 재앙을 막겠다는 상징으로 비쳐 잠시 이런저런 상념에 잠겼다.

● 호텔 버즈 칼리파 (높이 828m, 161층) - 삼성건설이 시공했다.

빛은 동방으로부터

– 이집트문명 탐사의 길목에서

“하늘이 무너져도 정의는 세워라.”(Fiat Justitia Ruat Caelum) 많은 사람들에게 회자되는 이 라틴어 법 격언을 우리는 대부분 로마법에서 유래한 것으로 알고 있고 그렇게 배웠다. 그러나 사실은 그 어원은 이집트 신화에서 유래한 것이다. 이집트 신화의 판정의 여신 네이트가 ‘오시리스의 아들 호리스가 왕위를 계승하지 않으면 정의에 반하는 것으로 하늘이 무너져 내릴 것이다’고 한 말을 로마

인들이 차용한 것이다.

유네스코가 지정한 세계문화유산 1호인 그리스의 파르테논 신전이 그보다 1천 년 먼저 세워진 룩소르의 카르낙 신전과 닮았음을 아는 사람은 드물다. 아니 장엄한 134개의 열주로 된 카르낙의 아몬 대신전의 규모와 완벽한 예술성, 정교함에 비하면 파르테논 신전은 왜소하고 초라하다. 신화의 역사를 보면 이집트의 많은 신들이 이름을 바꾸고 옷을 갈아입어 그리스와 로마의 신으로 둔갑하고 있음을 알 수 있다. 사랑의 여신 하토르는 아프로디테가 되고, 처녀의 몸으로 잉태한 네이트 여신은 그리스로 가서 아테나 여신이 되었고 다시 성모 마리아로 되살아난다. 이집트 신화의 아누트와 바타형제의 이야기는 구약에 나오는 요셉과 보디발의 아내에 대한 이야기와 닮아있다. 미라와 파라오의 부활 사상은 그리스의 디오니소스를 거쳐 기독교 부활 사상의 틀을 제공해 주고 있다.

그러나 자신들의 문명의 뿌리를 그리스, 로마 문명에 두고 유색인종에 대한 우월감을 지니고 있는 서구인들은 유색인종이 이룩한 문명의 성과를 애써 외면하면서 검은 아프리카의 이집트와 오리엔트문명과의 단절을 시도하고 있다. 하지만 역사는 단절되거나 하나의 관점으로 의도적으로 정리될 수 없는 것임을 나는 이집트 고대 역사의 현장에서 깨달을 수 있었다. 그 현장에 서니

"5000년 전 고대 문명에서 인간이 배울 수 있는 것은 겸손뿐이다."라고 고백했던 어느 고고학자의 외침이 가슴에 울려왔다. 그 5000년 문명의 현장을 찾아가는 길은 아득하고 외로웠다. 그리고 그 현장의 현실은 기대감을 상쇄시키면서 때로는 암울할 정도로 가슴 저리는 절절함을 느끼게끔 했다.

오! 카이로

두바이 공항 제3터미널은 아랍에미리트 항공 전용 터미널로 신형의 웅장한 건물에 쾌적한 분위기가 넘쳤다. 그제 입국 때 밟았던 제1터미널과는 비교가 안 될 정도로 모든 면에서 대비되었다. 국적기에 대한 배려가 넘쳐났다. 항공기 기내도 쾌적하고 깨끗하다. 서비스도 원만하다. 예정 시간보다 40분 늦게 두바이를 이륙한 에미리트 항공기는 4시간의 비행 끝에 2013년 5월 4일 오후 5시 10분 이집트 카이로 공항에 착륙했다. 15:10 → 17:00으로 되어 있는 항공스케줄 상의 시각표를 보고 나는 두바이와 카이로 간의 1시간 시차를 생각하고 2시간 50분 비행시간을 생각했으나 착오였다. 카이로와 두바이는 2시간의 시차가 있었다. 3시간 50분이 소요 시간이었던 것이다. (다만 카이로는 4월 마지막 목요일부터 서머타임이 실시되어 한국과의 시차는 6시간이다) 어떻든 5000년 고대문명의 현장, 파라오의 땅 그 관문에 도착한 것이다.

카이로 구(舊)공항. 낡고 노후 되었음이 금방 드러난다. 공항의 산란함과 무질서한 기분이 왠지 선입견으로 이어지면서 이러한 기분은 공항을 나와 카이로 시내를 뚫고 호텔로 오는 마이크로버스에서 입증되고 있다. 현지의 이집트인 가이드가 나와 공항에서의 비자발급과 호텔까지의 안내를 맡아주기로 했다. 공항을 나서니 오후 5시가 넘었는데도 32~33도의 찌는 듯한 습한 바람이 얼굴을 스치면서 매연과 어우러진 쾌쾌한 공기의 맛을 느끼게 한다.

시내로 들어오는 30여 분, 길은 차선도, 인도 차도의 구분도 없이 차와 사람이 엉키고 설켜 산란함의 극치를 이루고 있다. 차창 양옆으로 보이는 오래되고 낡고 허름한 주택들에서 찌들어 가는 시민들의 삶을 엿볼 수 있었다. 아마 재건축을 위해서 헐어가는 건물 잔해에 아직도 거주하고 있는 모양이 아닌가 한다. (다음날 안 일이지만 준공공사를 받으면 세금이 많이 부과되기 때문에 준공검사를 일부러 늦춰서 미완성된 상태로 입주해 살고 있어 도시 미관이 볼품 없게 방치되어 있단다) 차량도 노후한 차가 대부분이다. 우리나라 중고 현대차, 기아차, 대우차들은 상급에 속한다. 대우차가 생산 중단된 지 오래건만 이 나라에서는 아직도 버젓이 중상급 차량 수준으로 거리를 누비고 있다. 간혹 고급 브랜드의 럭셔리한 차량이 혼잡한 길을 뚫고 달리는 모습에서 빈부 격차를 엿볼 수 있다.

이집트가 정치불안과 사회불안으로 오랫동안 몸살을 앓아 왔고 최근 철권통치자 무바라크의 실각 이후에도 사회불안이 계속 되고 있어 관광객의 수가 줄어들었다는 소식을 접했을 때도 이 정도로까지 현대의 이집트가 쇠락해진 양상으로 내 눈에 다가올 줄은 미처 예상치 못했다. 나일강을 끼고 아부심벨, 룩소르의 대신전, 피라미드와 스핑크스의 향연이 이어지는 신비의 나라, 동경의 나라 이집트, 그 관문인 카이로가 이렇게 낡은 모습으로 나를 불안하게 할 줄이랴! 인더스 문명의 발상지인 모헨조다로, 하라파 지역에서도 느낀 바 있지만, 이곳이 정말 이집트 문명의 발상지란 말입니까? 신은 왜 흥망성쇠의 유희를 이렇듯 잔혹하게 만들었단 말입니까! 역사는 반드시 앞으로만 나아가지 않는다는 사실을 이곳 카이로에서도 느끼고 있다.

자신들의 나라를 '움므둔야'(세상의 어머니)라고 자랑스럽게 불렀던 고대 이집트인들, 인류 최초의 삶과 문명이 이곳에서 시작되었고 인류 문화의 여명기 수천 년간 세계역사의 중심 무대로서 화려한 문명을 이루었던 이집트가 아니던가. 3천 년 전 람세스 2세의 영웅적 활약상, 소년왕 투탕카멘의 삶과 황금마스크에 매혹되지 않은 사람이 어디 있겠는가. 더 나아가 파라오 아크나톤의 아내로서 투탕카멘이 왕좌에 오르기 전까지 이집트를 다스렸던 네페르티티를 비롯하여 남장을 하고 이집트를 통치했던 하트셉수트 여왕, 람세스 2세의 왕비 네페르테리, 클레오파트라 등 전설적 이집트 여성 영웅들의 발자취는 또 어떠한가!

● 네페르티티 - 이집트 18왕조 아크나톤의 왕비이자 투탕카멘의 이모. 1914년 아르마나에서
발견된 석회암 채색 흉상으로 서양 미녀의 상징. 베를린 국립미술관 소장

역사와 세계사의 한때 주역이었던 후손들이 사는 이집트가 이제는 1인당 GDP가 천이삼백 달러의 후진국으로 떨어졌지만 그래도 궁기를 보이지 않는 의연함은 지니고 있기를 기대해 본다. 경제적 소득 수준으로 사람들의 삶의 모습을 재단하는 것이 옳은 태도는 아닐지라도 순박하고 평온한 삶의 모습은 관광 대국이라는 흐름에 이미 밀려난 지 오래된 것 같다. 마치 언제 폭발할지 모르는 화산 위에 서 있는 것처럼 불안감이 곳곳에 도사리고 있었다.

나일강변의 카이로 시내 전망이 좋다는 지점에 있는 그랜드 나일 타워 호텔에 체크인하기 위해 도착하니 호텔 정문은 출입을 차단하고 옆문에서 금속탐지기 2대를 설치하여 투숙객의 짐도 일일이 열어보고 있다. 아마 정정 불안과 잦은 시위와 테러 위협에 대한 대책인 것 같다. 어떻든 나그네의 기분이 움츠러든 것만은 사실이다. 호텔 로비나 커피숍, 식당도 사람들이 뜸하고 어딘지 깊이 가라앉은 듯한 적막감이 이어지고 있었다. 투숙객은 별로 눈에 띄지 않고 경비원들로 보이는 직원들만 곳곳에서 졸 듯 경비(?) 업무에 임하고 있다. 최근 관광객이 줄어들었다고는 하지만 이렇게까지 썰렁할 줄은 몰랐다. 혹여 특급호텔을 찾는 관광객만 줄어든 것이 아닌가 생각이 들 정도였다.

피곤하고 가라앉은 기분으로 호텔 객실에서 저녁 식사 대신 준비해간 컵라면으로 간단히 때우고 주변 시내 산책에 나섰다. 호텔 주변의 경비가 삼엄한 데다 밖을 나가니 택시호객꾼(일반승용차)

들이 달라붙길래 뿌리치고서 바로 옆의 포시즌 호텔 앞 선착장으로 내려갔다. 보트를 타고 나일강의 한밤의 정취를 맛볼까 해서였다. 손님은 없고 건장한 사내 5, 6명이 얘기하고 있다가 그 중 한 명이 배를 타라고 권한다. 2시간에 요금은 600 이집트 파운드(우리 돈 10만 원 내외)다. 요금은 더 깎을 수 있는 여지가 충분했다. 그런데 아내가 극구 반대한다. 요금이 아니라 무섭다는 것이다. 우

● 숙소인 그랜드 나일 타워 호텔

리 단둘이만 작은 배를 타고 가다가 납치되거나 어떻게 당하는 것이 아니냐면서 잔뜩 겁먹은 모습이다. 나는 1시간 정도만이라도 나일강을 따라 돌고 싶었으나 아내의 의견을 존중하기로 하고 발길을 돌렸다. 호텔 주변의 길가에는 시민들이나 관광객의 모습은 거의 보이지 않고 청소원과 경비원으로 보이는 사람들만 눈에 띈다. 특히 내가 묵은 호텔 앞이라 이러한 경비들의 모습이 더 부각되게 보였을지 모르겠다. 호텔에서는 밤 결혼식이 있는 것 같았으나 하객들의 모습은 별로 눈에 띄지 않았다. 시차 적응이 제대로 되지 않은 상태를 느끼면서 객실에 들어왔다.

그랜드 나일 타워 호텔(예전의 그랜드 하얏트 호텔) 35층 35호실의 테라스에서 본 나일강의 야경은 여전히 아름답고 환상적이었다. 그러나 바로 앞의 소피텔 호텔과 옆의 포시즌 호텔, 또 그 옆에 인터콘티넨털 호텔의 객실 불빛이 많이 꺼져 있는 걸 보면서 과거의 휘황찬란한 영광을 간직한 호텔들의 현주소가 어쩐지 초라해 보인다.

밤의 카이로의 나일강은 유람선과 보트가 간간이 떠다니면서 5천 년 문명의 이집트 체면을 세워주고 있었으나 어쩐지 쓸쓸하게 느껴지는 것은 꼭 나그네의 선입견이 개입된 것만은 아닌 듯하다. 아랍 전통 음악과 악기 소리로 밤의 나일강은 깊이를 더하며 자정으로 가고 있다. 서늘한 나일강의 밤 강바람이 얼굴을 스치면서 저 람세스 2세, 투탕카멘, 안케세나멘, 네페르티티, 하트

그랜드 나일 타워 호텔 35층 35호실에서 본 나일강 카이로의 야경

셉수트 등등 파라오와 왕비들의 얼굴이 오버랩 되면서 의지할 곳 없는 나그네의 마음을 수수롭게 적셔주고 있다. 애달픈 가락의, 나일강변의 밤새 오가는 이집트인들의 천년 노랫소리가 강가에 어울리는 가운데, 카이로의 밤이 깊어 가고 있다.

현대인의 지적 오만에 대한 피라미드의 경고

– 기자의 피라미드와 스핑크스, 그리고 카이로 고고학 박물관에서

내가 묵었던 호텔 부근의 경비가 삼엄한 이유가 바로 주변에 미국대사관을 비롯한 이태리, 독일, 영국 등 각국 대사관이 밀집해 있었기 때문임을 이튿날 알게 되었다. 수개월 전 사우디아라비아 한 부호가 이 호텔을 구입하여 그랜드 하얏트에서 그랜드 나일 타워로 개명하고 호텔 내에서 음주 판매를 일절 금하게 했다. 그 결과 이 호텔에는 투숙객이 동급의 다른 호텔에 비해 줄어들게 되었으며 여기에 최근 이집트 정정 불안에 따른 사회 혼란으로 카이로를 찾는 관광객이 대폭 줄어든 탓에 호텔 안이 적막할 정도로 텅 빈 상태가 된 것임을 깨닫게 되었다. 금일 아침 조식 뷔페식당에도 식사 손님이 우리와 몇몇 서양인 투숙객이 눈에 띌 뿐이었다. 그렇지만 조식에 나온 망고주스를 비롯한 과일주스와 빵 맛은 식욕을 채워주기에 충분했다.

식사 후 체크인하고 8시 30분 호텔을 출발, 기자의 피라미드 지구로 향했다. 카이로에서의 가이드는 한국 출신으로 정했다. 이집트인과 결혼하여 꽤 오래 카이로에서 살고 있는 중년여성으로 이집트 정정 불안으로 한국 관광객이 끊어져 여행사들이 개점 휴업상태라고 걱정이었다. 피라미드로 가는 길은 잘 닦여 있었다. 가도 가도 발밑에는 황사뿐이다. 때로 옆으로 낙타 몇 마리가 지나갔다. 그렇게 길을 따라 40여 분을 가니 어느새 피라미드가 웅장한 모습을 드러낸다. 큰 피라미드가 세 개, 작은 피라미드가 몇 개 있었고 인면수신의 스핑크스도 눈에 들어왔다. 사방이 온통 갈황색 모랫빛이다. 오늘 공기가 청명하지 않아 선명한 모습의 피라미드 형상은 볼 수 없었으나 어떻든 숱하게 사진이나 영상으로 봐왔고 또한 와보고자 별렀던 피라미드 앞에 서니 흥분과 열정이 솟는 것은 어쩔 수 없었으리라. 그중 가장 크고 오래된 쿠푸왕의 피라미드를 마주하고서 호흡을 가다듬었다. 이어 곧장 쿠푸왕의 관이 안치되어 있었다는 내부의 석실로 들어갔다. 20여 분간을 안쪽으로 기어오르다시피 하여 내부의 위쪽, 관람객에게 공개된 지점까지 다다랐다. 쏟아지는 땀을 닦으면서 잠시 상념에 잠긴다.

이곳이 과연 파라오 쿠푸왕의 무덤 속이란 말인가? 거대한 피라미드 그 현장에 서니 그동안 피라미드에 관하여 품어왔던 의문이 꼬리를 잇는다. 우리가 당연한 것으로 알고 있던 피라미드의 상식이 실은 현대인의 지적 오만은 아닌가? 인류는 지금까지 이집트 문명이 어떻게 쇠락했는지는 이해할 수 있으나 도대체 어떻게 그 문명이 건설되었는지는 전혀 모른다는 것이다.

고고학자들은 이 피라미드 유적이 기원전 2500년 전인 이집트 고왕국시대에 건립된 것으로 단정한다. 저명한 기술자들이 직접 답사하면서 측량한 결과 현대의 최신식 기기를 동원할지라도 고대 이집트의 기술 수준에 도달하기가 어려우며 자칫 여러 어려운 문제에 봉착할 수 있을 것이라고도 내다봤다. 실제 현대의 기술로 이 수평면을 측량해 보니 남동쪽의 모퉁이와 북서쪽의 모퉁이의 오차는 불과 20cm이며 방위의 오차는 2~5도에 지나지 않는다고 한다. 그렇다면 4~5천 년 전 이집트인들의 기술 수준은 어느 정도였으며 또 그 국력은 어떠했을까? 역사는 반드시 앞으로만 나가지 않는다는 사실을 깨달을 수밖에 없다.

● 쿠푸왕의 피라미드 (높이 186m)

현재 우리가 피라미드에 관해 자주 인용하는 최초의 자료는 고대 그리스의 역사학자인 헤로도토스가 이집트를 여행했을 때 기록한 것이다. 얼핏 보면 권위 있는 내용 같지만 실은 그가 이집트를 답사한 것은 기원전 5세기로서 이미 피라미드가 건설된 지 2000년 전, 아무리 박하게 잡아도 1500년이 훨씬 지난 시점이다. 그렇다면 지금의 우리로서는 삼국시대 초기의 일에 관해 기술한 것과 다를 바 없다. 아직까지 우리는 피라미드를 건설한 목적이나 건설과정, 방식에 관해서 전혀 아는 바가 없다고 한다면 나의 지나친 억측일까? 파라오의 무덤이라고 했는데 누가 그 속에서 파라오 쿠푸왕의 시신인 미라(Mummy)를 본 적이 있는가? 도굴되었다고? 역시 추측일 뿐이다. 오히려 많은 학자들은 피라미드가 각종 건축 수치나 천체 운행의 규칙과 대응하고 있다는 점에서 고대인이 후대 사람들에게 남긴 지적유산이라고 단정하고 있다.

인류는 피라미드에 관하여 어느 정도 해독할 수 있는 기회를 어리석은 실수로 놓치고 말았다. 그 하나는 기원전 47년 카이사르가 이집트를 침략했을 때 알렉산드리아에 있던 도서관 장서 70만 권을 모두 불태운 사건이다. 불탄 장서 중에는 유명한 「이집트사」도 포함되어 있었다. 그 두 번째는 기원후 390년 로마 황제가 이교(異敎)를 금지하면서 유일하게 고대 문자를 해독할 수 있는 이집트 제사장 계층을 몰아냈다. 이로써 고서와 고대 비문을 해독할 수 있는 사람들의 대가 끊겼다. 그 후 19세기 프랑스의 천재언

어학자 샹폴리옹에 의해 로제타스톤의 상형문자가 해독되어 이집트학의 새로운 전기가 마련되었으나 현장에 남아있는 상형문자만으로는 피라미드의 열쇠를 푸는 데 역부족이었다. 이집트 문명뿐만 아니라 인류의 위대한 고대 문명사에는 아직 숱한 의문들이 우리의 해독을 기다리고 있다. 피라미드 앞에 서면, 늘상 보고 듣던 주입식 지식만 가지고 스스로 인류의 역사를 분명하게 이해하고 있는 양 이러쿵저러쿵 단정적으로 얘기한다는 것이 얼마나 가소로운 일인가를 깨닫게 된다. 우리가 5000년 고대문명 앞에서 겸손해야 하는 이유가 바로 여기에 있다.

3왕조 피라미드를 배경으로

땀에 흠뻑 젖어 피라미드 밖으로 나왔다. 밖이 오히려 시원했다. 햇빛이 따갑게 비치고 있으나 바람이 불어오는 데다 습도가 거의 없어 그렇게 찌는 듯한 더위는 느낄 수 없었다. 오히려 생각보다 다니기가 용이하고 사막의 열풍이 그리 힘겹게 느껴지지 않는다. 왠지 친근하고 오랫동안 가보지 못한 고향마을 옆 동네에 온 듯한 착각을 불러일으킨다.

이어 가운데 있는 쿠푸왕의 2남인 카프라 왕의 피라미드와 그 뒤의 손자인 멘카우라왕의 피라미드를 둘러보고 세 개의 피라미드가 모두 잘 보이는 전망대에 가서 사진을 찍으면서 그 장엄함을 다시 체험했다. 흔히 사진으로 볼 때는 세 개의 피라미드 중 가운데의 카프라 왕의 것이 가장 크게 보이나 실은 맨 왼쪽 쿠푸왕의 피라미드가 가장 크고 웅장할 뿐만 아니라 먼저 만들어진 것이다.

1시간여에 걸친 3개의 피라미드 관람 후 쿠푸왕의 피라미드와 연결되는 바로 옆의 스핑크스를 찾았다. 스핑크스 앞에 있는 돌기둥 군(群)의 가운데에서 나온 석조상으로 인하여 카프라 왕의 이름이 밝혀지고 그의 피라미드도 제 이름을 찾게 된 것이라 한다. 아내가 그 발굴 지점에 1,000원권 한국 지폐를 던지고 여행과 일상의 행운을 빈다. 카이로 고고학 박물관에는 그 안에서 가장 작은 금상이 하나 있는데 조각난 그 금상을 조립해보니 발 부근에서 쿠푸왕을 뜻하는 상형문자가 발견됨으로써 오늘날의 쿠푸왕

● 스핑크스를 배경으로 아내와

피라미드 신화가 탄생했다고 한다. 가장 큰 건조물의 축조자가 제일 작은 금상의 모습을 남긴 것이 아이러니하다.

카이로 시내로 돌아와 쾌적하고 정돈이 잘된 한 공원 구내의 레스토랑에서 오찬을 들면서 카이로에서의 망중한을 즐겼다. 식사 후 3시간에 걸쳐 카이로 고고학 박물관을 둘러보았다. 피라미드와 더불어 내 카이로 방문의 하이라이트 중의 하나다. 고왕국, 중왕국, 신왕국, 프톨레미우스 왕조, 그리스, 로마 시대까지의 이집트의 역사와 유물을 전시하고 있는 세계 최대의 가장 풍부한 유물 박물관이다.

● 피라미드를 지키고 있는 스핑크스의 위용

내일 탐사할 예정인 룩소르의 왕가의 계곡에 있는 소년왕 투탕카멘 무덤에서 나온 유물 전시관에서 나는 쉽게 걸음을 뗄 수 없었다. 투탕카멘의 통치는 짧았다. 그는 뚜렷한 업적도 남기지 못한 채 기원전 1352년 열여덟 살의 나이로 세상을 떠났다. 하지만 그가 살았던 때는 이집트 역사상 가장 찬란했던 제18왕조 시대였다. 그 왕조의 신비는 1922년 영국의 고고학자 하워드 카터에 의해서 풀렸다. 20세기 최대의 고고학적 발굴로 평가되는 투탕카멘

● 투탕카멘 무덤 발굴 후 최초 칼라 복원된 투탕카멘의 황금마스크(구글에서 인용)

왕의 무덤에서 나온 발굴품은 모두 이곳에 전시되어 있다. 투탕카멘의 일상을 쾌적하고 편안하게 하기 위한 온갖 물건들은 지금 사용해도 좋을 것 같다. 석고 항아리에 든 향수, 구운 오리고기와 송아지고기(방부처리 됨), 타조 깃털 부채, 금세공한 슬리퍼, 목 부분을 둥글게 판 이집트식 롤 베게, 체스 비슷한 놀이판, 오락용의 전차 부품들… 5중으로 된 투탕카멘의 관은 석관 속에 포개진 금도금한 네 개의 관을 하나하나 분리해서 전시하고 있었다. 그중

맨 안쪽 관의 왕의 미라를 감싸고 있는 황금마스크와 왕의 의자에 새겨진 투탕카멘과 왕비 안케세나멘의 금형 초상의 그림은 이미 이집트 고대문명을 상징하는 세계인의 아이콘으로 자리 잡은 지 오래다. 현장에서 직접 마주하니 그 감동이 가벼운 흥분을 일으키기에 충분했다.

● 카이로 시내에서

● 카이로 고고학 박물관에서

박물관에서의 3시간이 짧게 느껴졌다. 박물관 바로 앞 광장, 3년 전 무바라크 철권통치를 끝내게 한 시민혁명의 발상지로 시위대의 집결지였다. 그 옆의 경찰정보국 건물은 무바라크 독재의 상징건물로 찍혀 시위 중 불에 타서 아직도 그을린 형상 그대로 있어 음산하게 폐허를 연상시키고 있다. 혁명은 지금도 끝나지 않고 있으며 그 후의 집권자들은 전임자보다 오히려 더 무능하고 탐욕적이어서 시민의 열망을 국정에 반영하는데 무기력함을 보이고 있다.

이달(2013. 5) 17일에 대규모 시위가 이곳 혁명광장에서 예정되어 있다고 한다. 시민혁명의 여파로 이집트의 사회불안과 그로 인한 치안 부재 현상으로 관광객의 발길이 끊어지면서 경제에 주름살을 더하고 있는 것이다. (내가 귀국한 직후인 2013년 6월 카이로에서 또다시 반정부 시위가 발생하였다. 군부가 개입하여 현직 대통령이 연금 상태로 물러나고 그를 지지하는 세력과 군부 사이에 충돌이 일어나 수백 명이 사망하는 대규모 유혈사태로 발전했다. 이집트 사태는 아직도 혼미를 거듭하면서 특히 카이로 지역은 혼란에 빠져 있으며 현재 이집트 전역이 관광 제한지역으로까지 묶여있는 상태다)

● 시위대에 의해 불에 타 그대로 방치되어 있는 이집트 경찰정보국 청사

이집트의 전통시장 바자르를 둘러본 후 술탄 하산 사원, 무하마드 알리 사원을 찾았다. 마지막으로 찾은 곳은 올드 카이로 지구에 있는 고대 이집트 귀족들의 공동묘지인 일명 「죽은 자들의 도시」, 나는 그 앞에 차를 멈추고 걸어 들어갔다. 2만 명이 넘는 지방에서 올라온 빈민들이 죽은 자와 동거하는 모습에서 삶이 곧 죽음으로 가는 길이요, 죽음이 다시 태어나는 삶의 길임을 뼈저리게 느끼게 한다. 기원전 3천 년 전부터 5천 년간 인류 문명의 꽃을 피웠던 이집트인들의 역사, 지금 생각하면 삶과 죽음의 반복이 아니었던가.

카이로 시내 한 레스토랑에서 본 올드 카이로 지구

● 카이로 그랜드 바자르(시장) 입구의 카페

● 올드 카이로의 무하마드 알리 사원

나일강의 무심한 흐름 속에, 카이로의 해맑게 내려쬐는 태양 그 하늘 아래에서 문득 정비석의 「산정무한」 마지막 구절이 뇌리에 떠오르면서 내 마음을 달래주는 듯하다.

"고작 칠십 생애에 희로애락을 싣고 각축하다가 한 움큼 부토로 돌아가는 것이 인생이라 생각하니 의지할 곳 없는 나그네의 마음은 암연히 수수롭다."

5000년 고대문명에서 인간이 배울 수 있는 것은 겸손뿐

– 세계 최대, 최고(最古)의 고고학유적지, 룩소르

나는 이집트에서
거추장스러운 문명의 속박으로부터 벗어날 수 있었다.
거기서 모든 것을 꿈꾸었고, 꿈꾸었던 모든 것을
실현시킬 수 있는 것을 발견했다.
내가 이집트에서 보낸 시기는
나의 인생에서 가장 아름다운 순간이었다.
그것이 가장 이상적인 순간이었기에

● 룩소르 윈터팔레스 호텔에서 본 나일강변

이집트 원정을 통하여 5000년 이집트 문명의 신비를 벗기고 이집트학의 기초를 세웠던 보나파르트 나폴레옹이 황제로 취임하기 전 읊었던 시이다. 어찌 보면 나폴레옹은 이집트에서 이미 황제를 꿈꾸면서 당시 세계를 제패한 람세스 2세를 닮고 싶어 했는지도 모른다. 카이로 일대가 대피라미드로 연상되는 이집트 고왕국의 중심이라면 카르낙 신전이 있는 테베는 침입자 힉소스의 지배를 종식시키고 새로운 이집트를 건설한 곳이다. 파라오 중심의 역사에서 이집트 대중의 시대, 람세스 2세의 시대가 화려하게 꽃피웠던 곳, 바로 테베가 오늘날의 룩소르 일대이다. 3500년 전

● 이집트에서의 보나파르트 나폴레옹-장 바티스트 에두아르 그림, 19세기

나일강 상류에 번성했던 왕묘와 신전의 도시, 이집트 문명의 혼과 대중적 신화가 살아 숨 쉬는 룩소르를 빼면 이집트 여행은 나에게 별 의미가 없다.

어젯밤 카이로 신공항에서부터 1시간의 비행 끝에 룩소르에 도착했다(2013. 5. 5. 21:10). 훈훈한 사막의 기운이 온몸을 덮친다. 카이로 기자 지역과 더불어 이집트 최대의 관광명소이자 고고학 유적지 룩소르, 기원전 1550년부터 1075년까지 500여 년간 고대 이집트 신왕국 시대의 수도였던 테베가 있던 곳이다. 고대 세계 아니 현대를 통틀어서도 최고(最古) 품격의 문명을 이루었던 룩소르(Luxor)의 번영에서 화려함과 품격, 사치스러움을 뜻하는 영어 "Luxury"의 어원이 파생되었음은 익히 알려진 바다.

현지 이집트인 가이드의 마중을 받아 공항에서 20여 분 거리에 있는 나일강변 바로 앞의 윈터팔래스(Old) 호텔에 여정을 풀었다. 이미 밤 10시가 넘었는데도 관광도시답게 사람들이 거리에서 마차를 타거나 삼삼오오 모여 얘기꽃을 피우고 있다. 카이로와는 달리 고대유적 도시다운 비교적 차분한 분위기가 감돈다. 호객꾼들의 극성은 여기서도 마찬가지였다. 시내 산책을 하려다가 너무 피곤하고 내일을 대비하여 11시경 잠자리에 들었다.

새벽 객실 발코니에서 바라본 유람선과 크고 작은 선박이 정박해 있는 호텔 앞의 나일강의 정경은 투명한 하늘에 물감을 물에 헤쳐 놓은 듯 뚜렷하면서도 환상적인 이국적 아름다움을 선사하고 있었다. 아침 식사 전 호텔 바로 옆에 있는 룩소르 신전을 산책, 조깅 겸해서 외부에서 둘러보았다. 정말 웅대하고 고색창연함이 마음 깊은 곳에서부터 설렘과 호기심을 돋우고 있었다. 오후에 방문하기로 되어 있다. 조식을 하러 가면서 호텔 1층 벽면 사진을 보니 유명인들이 꽤 다녀간 전통 있는 호텔이었음을 직감했다. 프랑스의 미테랑 대통령과 각국의 저명인사들이 다녀간 사진을 흑백에서 칼라까지 다양한 모습으로 담아 전시하고 있었다. 최근에만도 프랑스의 사르코지 대통령과 영국의 토니 블레어 전 수상이 투숙한 사진이 걸려 있다.

● 룩소르의 나일강변

● 유서깊은 윈터팰래스 호텔

8시경 먼저 왕들의 계곡을 찾았다. 룩소르 시내(호텔)에서 애스완 방면으로 30여 분 거리다. 관심 있게 공부해 둔 내용에다 가이드의 설명(영어)을 곁들이니 많은 부분이 어느 정도 이해가 되었다. 왕가의 계곡은 관광객 1인당 한 장의 티켓에 세 군데 파라오 고분(무덤)의 관람만 허용하고 있다. 투탕카멘의 묘를 보려면 별도의 입장권(100 이집트 파운드)을 따로 구입해야 한다. 왕들의 계곡 입구에서부터는 사진, 비디오 등의 촬영을 엄격히 금지하고 있었다. 나는 람세스 4세, 람세스 6세, 메렌푸타 왕의 묘를 선택해 내부에 들어갔다. 화려한 벽화와 크기의 엄청남이 말문을 닫게 만든다. 중

● 아침 햇살에 비친 룩소르 신전 주변

국 황제들의 묘도 크고 웅장하지만, 그들보다 1500년~2000년 더 오래된 이집트 파라오의 그것에 비하면 오히려 비교를 삼가야 하지 않을까 한다.

● 왕들의 계곡 입구
(※ 이곳부터 촬영이 엄격히 금지되어 있다.)

● 왕들의 계곡 입구에서

이어 그렇게 기대하고 가보고 싶었던 소년 왕 투탕카멘의 묘실로 향했다. 투탕카멘 묘실은 다른 파라오에 비하면 규모가 작다. 다만 유일하게 도굴이 안 된 상태에서 발굴되었기 때문에 엄청난 양의 고고학 유물들이 쏟아져 세계를 놀라게 하고 고대 이집트사를 다시 쓰게 하였던 것이다. 가장 초라하고 허약했던 한 파라오의 무덤이 이러할 진 데 아직도 숨겨져 있는 수많은 파라오들의 무덤의 규모나 그 부장품은 상상을 초월한다. 고고학에서 발굴의 시대는 끝났다고들 하지만 나는 인간의 상상력과 호기심이 빛을 발하는 한 모험과 낭만의 시대는 계속되고 있다고 굳게 믿는 고고학의 아웃사이더이다. 세계 도처에서 그 지하에서는 수많은 부장품이 도전적인 모험가의 손길을 기다리고 있다. 수천 점에 달하는 투탕카멘 묘실의 부장품들은 모두 어제 가본 카이로 고고학 박물관에 전시되어 있다. 그러나 묘실의 맨 끝 석실에 황금마스크를 벗겨낸 투탕카멘의 실제 미라와 황금관 두 개가 발굴 당시의 그 지점에 그대로 보존 전시되고 있었다. 바로 이 실제 미라를 보기 위해 여기까지 찾아온 것이다. 3400년 전에 어린 나이로 등극하여 18세로 요절한 투탕카멘의 미라 앞에서 나는 잠시 묵념을 한 다음에 한참 동안 서성이면서 발길을 뗄 수가 없었다.

아! 하트셉투스 신전, 그 참극의 현장

왕들의 계곡을 빠져나와 반대쪽 산등성이에 있는 하트셉수트 신전을 찾아갔다. 남장을 하고 수염을 단 채로 이집트를 통치하면서 많은 업적을 남긴 하트셉수트 여왕(?)의 신전은 3층으로 되어 있으며 1층에는 별다른 벽화나 부조물은 없고 2층에 주요한 벽화 부조물들이 즐비했다. 3층은 그 뒤에 있는 신전의 가장 깊숙한 곳에 뒷면을 장식하는 벽으로 설치되어 있었다. 50여 분간 관람을 마치고 신전 주변을 보니 마치 고대 세계로 온 것처럼 온통 발굴 중이거나 이미 발굴된 또 다른 작은 신전들이 주변에 즐비했다. 문득, 인간의 겸손함과 역사에 대한 경외감이 솟구친다.

저 멀리 나일강변을 따라 파랗게 물든 룩소르 평야는 과연 이

● 하트셉투스 원경

● 하트셉투스 신전 입구

● 하트셉투스 신전

곳이 사막 한 가운데인가를 잠시 잊게 하고 있다. 황량한 사막의 산맥에서 문명의 최정점을 달성한 고대 이집트인들에 대한 관심과 존경심이 갑자기 더해간다. 왕들의 계곡을 비롯한 왕비의 계곡, 귀족의 계곡이 이처럼 50℃까지 기온이 올라가고 1년 내내 비 한 방울 오지 않는 곳에 자리 잡은 것이 오히려 그들의 자취를 오늘에 남겨준 것임을 생각할 때 풍수지리적 관점에서도 묘터를 잘 잡았다고 생각된다. 비록 도굴을 막을 수는 없었을지라도…

이때 나는 불현듯 하트셉수트 신전 앞 광장 한가운데에 서서

● 하트셉투스 내부 입구

● 하트셉투스 내부

주위를 두리번거렸다. 바로 이곳에서 1997년 11월 17일 이슬람 근본주의 테러 분자들에 의해서 62명의 관광객이 무차별 살해되는 참극이 발생했던 것이다. 테러 분자들은 여왕 신전의 왼쪽 언덕에서 갑자기 쳐들어왔다고 한다. 그들은 아랍의 전통의상인 흰색 긴 두루마리 속에 무기를 감췄다가 갑자기 꺼내 방아쇠를 당겼다. 순식간에 문명의 참배지는 뜨거운 피로 물들었다. 신전의 왼쪽 언덕 쪽으로 따라 올라가 봤다. 산허리의 동굴 몇 군데가 눈에 들어왔다. 동굴은 아직도 철망으로 둘러싸여 있었다. 아래를 보니 광장에 있는 관광객들의 움직임을 정확하게 파악할 수 있었다. 테러 분자들은 여기에 몸을 숨기고 기회를 봤던 것이 아닌가 한다. 나는 타는 듯한 뙤약볕 아래 선 채 비명에 간 희생자들의 명복을 빌면서 향후 내 여정의 순탄함이 이어지기를 기원했다.

하트셉투스 신전 내부 벽화

5월 초인데도 섭씨 42℃의 찌는 듯한 더위가 기승을 부린다. 다만 습도가 없고 바람이 불어와 그늘에서는 금방 땀을 식힐 수 있었다. 이어 하부

신전(Habu Temple)과 「멤논(아멘호테프 3세)의 거상」을 보고 나니 어느덧 12시다. 호텔 윈터팔래스의 야외 가든에서 샐러드, 샌드위치, 빵 등으로 점심을 때웠다. 그늘이지만 40도가 넘는 날씨라 후덥지근함이 몸을 감싸고 있다.

오후 일정은 더욱 기승을 부르는 더위 속에서 강행군을 했다. 저 유명한 카르낙 신전과 룩소르 신전을 둘러보는 코스다. 카르낙 신전. 더 무슨 설명이 필요하랴. 나는 이집트문명 아니 인류문명의 백미라고 말하고 싶다! 신전 입구 양쪽에 줄지어 선 양 머리 형상의 스핑크스 행렬 사이로 의장대의 사열을 받듯이 계단을 내려가면 장엄한 열주의 행렬이 이어지면서 이 신전의 건설자인 람세스 2세의 거상이 나타난다. 그중에서도 아몬 신전의 134개의 거대한 기둥으로 이루어진 대열주실(Great Hypostyle Hall)은 더 이상 생각의 나래를 펼치는 것을 불허하고 있다. 1000년 후에 세워진 아테네의 파르테논 신전의 돌기둥은 이에 비하면 행랑채의 그것에 지나지 않는다. 돌기둥마다 이집트 상형문자가 채색으로 새겨져 있다. 비록 많이 바래기는 했지만, 채색의 아름다움이 희미한 빛을 발하고 있었다. 아몬 대신전의 이미지는 애거서 크리스티의 추리소설을 영화화한 동명의 「나일 살인사건」 화면을 통하여 나에게 깊이 각인되어 있었다. 나란히 도열하고 있는 양 조각상, 현기증이 날 것만 같은 돌기둥, 돌기둥 꼭대기에서 떨어지는 낙석들의 공포… 바로 이곳에서 촬영했다고 한다.

● 멤논(아멘호테프 3세)의 거상을 배경으로

● 멤논(아멘호테프 3세)의 거상 앞에서 마을 어린이들이 놀고 있는 모습

1시간 반에 걸친 카르낙 신전 관람에 이어 아침 조깅 시에 담 밖에서 둘러봤던 룩소르 신전으로 향했다. 현재 카르낙 신전과 룩소르 신전을 직선으로 연결하는 3km의 도로를 뚫을 계획이라고 가이드는 강조하고 있었다.

거대한 람세스 2세의 좌상으로부터 시작되는 룩소르 신전은 카르낙 신전보다 그 규모는 작지만 역시 람세스의 위대한 치적을 나타내는 데에는 부족함이 없었다. 신전 입구의 오벨리스크는 하나만 외롭게 서 있다. 다른 하나는 파리의 콩코르드 광장으로 옮겨(?) 파리의 명물이 되었음은 우리 모두 익히 알고 있는 바이다. 앞서 카르낙 신전 입구의 오벨리스크 하나는 이스탄불의 히포드

● 룩소르 카르낙 대신전에서

롬 광장에서 관광객을 맞고 있다. 역사는 이렇게 뒤섞이고 강자가 약자가 되고 언젠가 약자가 다시 강자가 되면서 약탈과 지배를 반복하면서 진행되는 것이 아니겠는가.

오후 4시경 호텔로 들어와 로비 휴게실에서 이 글을 쓰고 있다. 이제 아스완으로 떠나는 오후 6시 25분 열차를 타기 위해서 룩소르 역으로 갈 시간이다. 그리고 4시간 후면 우리는 이집트의 최남단에 위치한 아스완에 도착할 것이다.

룩소르 신전 입구의 오벨리스크, 원래 두개 였으나 하나는 파리의 콩코드 광장에 옮겨져(?) 있다.

최근(2021.4) AFP 통신에 의하면 이집트 남부 룩소르에서 약 3000년 전에 건설된 고대 도시 아텐의 유적이 발굴됐다고 한다. 고대 이집트인의 가장 부유했던 삶을 보여주는 투탕카멘 무덤 발굴 이후 가장 중요한 고고학적 발굴이라고 한다. 고고학자들은 이 도시가 신왕국 첫 번째 왕조인 9대 파라오 아멘호테프 3세 때 건설돼 12대 투탕카멘 때까지 사용된 것으로 추정하고 있다.(경향신문 2021. 4. 10 인터넷 판) 이는 고고학에서 발굴의 시대는 끝나지 않았음을 여실히 보여주는 사례이다.

관념의 차이를 극복하는 평생 드물게 기록될 경험

- 룩소르에서 아스완 가는길

'고대 이집트인들의 삶의 현장을 보러온 것이지 현재의 이집트를 보러온 것이 아니다.'

이번 이집트 여행에 임하는 나의 기본 입장이었다. 때문에 나는 가능한 이집트의 열악한 현실이나 이집트 국민들의 어두운 면에 대해서는 무관심하려 했다. 이집트의 영광과 몰락은 고대 세계의 영욕을 대변하는 것이지 거기에 현대 이집트의 정치 상황, 사회현실을 대입시킬 필요는 없기 때문이다. 그러나 여행의 참뜻은 새로운 풍경을 보는 것이 아니라 새로운 시야를 찾아가는 것이라는 평소의 내 지론에 비추어서도 다음의 경험만은 꼭 남기고 싶다.

룩소르 역

룩소르 역에서 5월 6일 오후 6시 25분 출발, 아부심벨로 가는 전초기지인 아스완역에 밤 9시 25분 도착하는 열차를 타기 위해 출발 20분 전 역에 도착했다. 역사는 작고 아담했으나 많은 사람들로 붐비고 있었다. 개찰구를 벗어나 플랫폼에 당도하자 현지 가이드는 그때야 얻은 정보라면서 열차가 1시간가량 지연된다고 하였다. 하면서 그는 아스완으로 가는 자기 친구에게 우리를 좀 도와주라고 부탁했다면서 떠났다. 그 젊은 친구는 자신을 현지 영어 관광 가이드라면서 기차는 1시간 이상 기다려야 하며 언제 도착할지는 정확히 모른다는 실망 섞인 말을 꺼낸다. 그러면서 우리가 한국 사람이라는 말을 듣고 한국의 대통령이 누구냐 어떻게 생겼느냐 등을 물었다. 내가 얼마 전 여성 대통령이 처음으로 취임했다고 하니 그는 고개를 저으면서 젊은 멋쟁이 남성이 아니냐고 되물었다. 그제야 나는 저 친구가 북한의 김정은을 염두에 두고 있는 것으로 판단하여 그는 3대째 대를 이어 군림하는 North Korea의 수장이라고 하면서 나는 대한민국(South Korea)에서 왔다고 하니 좀 멋쩍은 표정을 지었다. 당시(2013) 북한의 핵 개발과 전쟁 위협 발언 등이 국제사회 이슈로 부각되면서 김정은이 좋든 나쁘든 세계 언론에 크게 부각되는 데 따른 것이 아닌가 추론했다.

현지 여행사를 통해서 내가 산 열차표는 특급열차 일등석 3호차(Car)로 좌석이 001, 002였다. 이 친구는 앞쪽 세 번째 차량에 탑승하라고 했다. 당연히 열차 호수를 찾아서 타면 되겠지 하고 한쪽 귀로 흘려들었다. 열차는 1시간이 되어도 오지 않고 언제 온다는 안내방송도 없었다. 안내멘트가 나온다 해도 아랍어로만 하기 때문에 알아들을 수도 없었다. 섭씨 35도가 넘는 플랫폼에 대부분 현지인이거나 수단 등 인근 국가 국민들로 보이는 사람들이 부대끼고 오가면서 나와 아내를 외계인 보듯 쳐다보면서 요상한 표정을 짓기도 하고 무언가 시비를 걸어올 듯한 자세를 취하기도 한다. 5~15세로 보이는 애들이 땟국이 절절 밴 옷을 걸치고 맨발 차림으로 떼 지어 다니면서 우리의 앞에서 “원 달러, 원 달러”를

● 룩소르-아스완 구간 열차

외치면서 손을 내민다. 어느 녀석들은 조금 아는 영어로 수작을 걸어오기도 했다. 열차를 기다리는 사람들 중 외국인은 우리 외에 눈을 씻고 찾아도 없었다. 1시간을 기다려도, 1시간 40여 분을 기다려도 열차는 오지 않고 간간이 정차하는 열차는 낡고 더럽고 먼지와 흙이 뒤덮이고 차창밖에는 벌레들이 기어 다니고 있었다. 설마 내가 타고 갈 열차는 아니겠지 하였다.

2시간 정도 기다리자 드디어 아스완 행 열차가 도착하였다. 내가 기대했던 특급열차가 아닌 간간이 정차했던 바로 그 열차였다. 사람들로 북적여 어디가 몇 호차인지도 모르고 출입문으로 들어가는 곳은 막혀버릴 정도로 북새통이었다.

그 인계받은 친구는 자기 칸을 찾아야 한다면서 우리 보고 앞쪽으로 가라고 하면서 디 이상 모른 척하고 떠났다. 난감했다. 트렁크도 우리가 직접 들고 움직여야 하고 더욱이 어느 칸을 타야 할지 막막했다. 열차에는 밖이건 안쪽이건 몇 호차 표시가 전혀 없었다. 그제서야 앞에서 세 번째 차량이 3호차라는 것을 가이드가 강조한 것을 떠올려 그쪽으로 가려고 하니 각 문 출입구마다 사람들이 뒤엉켜 짐을 끌고 그곳을 빠져나가기도 힘들었다. 겨우 세 번째 칸을 찾아 들어가니 차 안은 벌써 비집고 들어설 틈조차 없다. 통로까지 사람들이 꽉 들어차 앉거나 기대어 있었다. 그런데 웬걸, 좌석번호가 적혀 있지 않았다. 빈 좌석도 없었다. 제일 앞쪽의 두 좌석을 가리키고 물으니 그곳에 앉아 있던 젊은 친구 하나가 서투른 영어로 그 좌석이 아니라고 하면서 우리 표를 보면서 옆쪽의 한 좌석씩 있는 앞뒤 두 좌석이라고 한다. 이미 점거하고 있는 두 사람을 몰아내고(?) 좌석을 겨우 확보했다. 그들은 못마땅한 표정으로 자리를 떠나고 있다.

에어컨은커녕 선풍기조차 없어 열차 안은 찜통이다. 쾌쾌하고 비위가 상할 듯한 냄새가 코를 찡그리게 하였다. 차창 손걸이에는 먼지가 겹겹이 쌓여 무심코 손을 댔다가 숯검정만 묻혔다. 의자와 바닥은 더럽고 벌레가 가끔 기어 다니는 모습도 눈에 띈다.

게다가 출입문 옆이어서 시도 때도 없이 문을 쾅쾅 여닫으며 불량배로 보이는 애들이 떼를 지어 왔다 갔다 하면서 우리를 흘끔 쳐다보고 뜻 모를 웃음을 짓곤 한다. 가방과 소지품에 신경 쓰면서 몸을 뒤로 기대거나 눈을 감고 있지도 못할 긴장된 상태로 3시간 이상을 가야 한다니 끔찍했다. 뒷좌석의 아내는 잔뜩 겁에 질린 상태로 긴장을 풀지 못하고 있었다. 대부분 무임승차하는 현지인들로 보이는 이들이 끊임없이 열차 안을 들락거리면서 큰 소리로 떠들고 연신 담배를 피워댄다. 열차 안에도 외국인은 우리밖에 없었다. 열차는 각 역마다 정차하고 안내방송은 없었으며 역 표시 사인보드에도 아랍말만 적혀 있고 큰 역 외에는 알파벳 병기가 안 되어 있다. 다행히 내가 내리는 역이 종착역이라 역을 놓칠 염려까지는 안 해도 되었다.

나는 해외여행 시에는 열차 여행을 즐겨한다. 1주일 넘는 여행에는 유레일패스(유럽)나 제이알패스(일본)을 구입하여 편안한 좌석에서 느긋함과 사색에 젖으면서 식사를 즐기곤 했다. 이번에도 대부분 관광객들이 많이 이용하는 나일강 크루즈 대신 한 구간만이라도 열차 여행을 택했던 것이다. 밤 8시가 넘어 출발했기에 밖은 이미 어두워 아무것도 보이지 않았다. 특급열차 일등석에서 나일강변을 달리면서, 석양빛에 물든 사막의 풍경을 눈요기 삼아 저녁 식사를 열차 내에서 하겠다는 꿈같은(?) 생각은 이 냉혹한 현실에 대한 합리화의 한 위안으로 자리 잡은 지 이미 오래,

식사는커녕 이제 신변의 불안까지 염려할 정도로 비참한 현실이 되었다. 현재의 이집트 열차는 완행, 특급의 구분 없이 모든 열차가 그게 그거였다. 일등석, 이등석도 별 의미가 없었다. 무단승차사들이 엄청 많고 그들이 일등석에 들어와 빈 좌석이나 아니면 통로를 점거하고 가면 그만이다. 표 검사하는 승무원 한 명 보이지 않았다. 아무리 이집트가 무바라크 장기 독재로 찌들었고 그를 몰아낸 뒤 구관이 명관이라 할 정도로 정치 사회 혼란이 계속되고 있다 하더라도 그리고 소득수준이 후진국에 머물고 있다 하더라도(일인당 GDP 1100달러 정도) 이 정도까지 무질서하고 심각한 상태인지는 미처 깨닫지 못했다. 국민소득 1000불 미만 나라로 국민들의 행복 수준이나 사회질서가 안정적인 나라들이 많지 않은가!

어느 역에선가 30분 넘게 정차하고 있다. 인내의 한계를 실험하고 있는 듯하다. 아울러 열차 여행을 아무렇지도 않게 주선한 현지 여행사에 대한 원망이 솟는다. 한편으론 '왜 이런 고생을 하면서까지 아부심벨을 보러 가야 하는가?' 하는 생각에까지 미친다. 이때 갑자기 법정 스님이 「인도 기행」에서 쓴 인도 여행 중 일반실 열차를 탔다가 화장실 통로에 쪼그리고 앉아 9시간을 밤새워가면서 수행자로서의 참된 인내의 미덕과 영감을 얻었다는 구절이 떠올랐다.

그렇다. 저들은 아무렇지도 않게 저렇게 먼지 바닥에 주저앉기도 하고 쾌쾌한 곳에서도 일상을 즐기고 있지 않은가. 똑같은 인간인 내가 이런걸 견딜 수 없어 한다면 어떻게 저들과 같은 인간의 대열에 낄 수 있단 말인가. 문제는 '관념의 차이'에 있다고 법정 스님은 자문하고 있다. 관념의 차이에 생각이 미치자 이때부터 불편도 불만도 사라지면서 내 마음도 평온해지려 한다. 우리는 이 관념 때문에, 틀에 박힌 고정관념 때문에 새로운 세계에 나가지 못하고 제자리에 맴도는 수가 얼마나 많은가. 이렇게 마음을 추스르면서 돈으론 살 수 없는 정말 귀중한 체험을 하였다고 생각하니 어느덧 마음이 평정 상태로 되돌아가고 저들 이집트 서민들의 일거수일투족이 달리 보였다. 세계 최대의 고대 유적지를 끼고 사는 사람들이 삶의 모습과 그들의 심성이 어떻게 일상에 투영되는지를 알게 되는 좋은 기회로 여겨졌다.

법정 스님의 '인도기행'. 여행기의 전형을 보여 준다.

열차는 자정이 다 되어서야 아스완의 역에 도착했다. 그러나 마음속의 거리와 시간은 실제 시간보다 훨씬 더 멀고 오래 걸린 것 같았다. 밤새 달려 도착한 것 같았다. 현지인 영어 가이드가 오랫동안 기다렸다면서 플랫폼에 나와 있었다. 가이드 역시 열차 여행은 자신들도 힘들어한다고 말한다. 나일강 아스완 지점의 한 섬에 있는 이지스 아일랜드 호텔에 여장을 푸니 자정이 한참 지났다. 현지 여행사가 풍치가 좋은 리조트형이라면서 추천해서 믿고 간 호텔인데 자기들과 계약관계에 있는 수익이 비교적 많이 남는 그저 그런 호텔 그 이상도 이하도 아니었다. 어떻든 오늘 새벽 3시 반에 출발하는 아부심벨 투어에 참여하기 위해서 2시 반에는 기상해야 하므로 눈을 조금 붙여야 하긴 하는데 열차에서 받은 충격에, 호텔의 조악한 분위기가 겹쳐 거의 잠을 잘 수가 없었다.

그러나 시간이 지날수록 그날 밤 무모하게 단행된 룩소르에서 아스완에 이르는 열차 여행이야말로 이집트 여행 중 가장 고맙고 뜻있는 체험이 되었을 뿐만 아니라 인생을 유혹했던 내 오랜 여정의 길에서도 두고두고 음미할 만한 사건이 되었다.

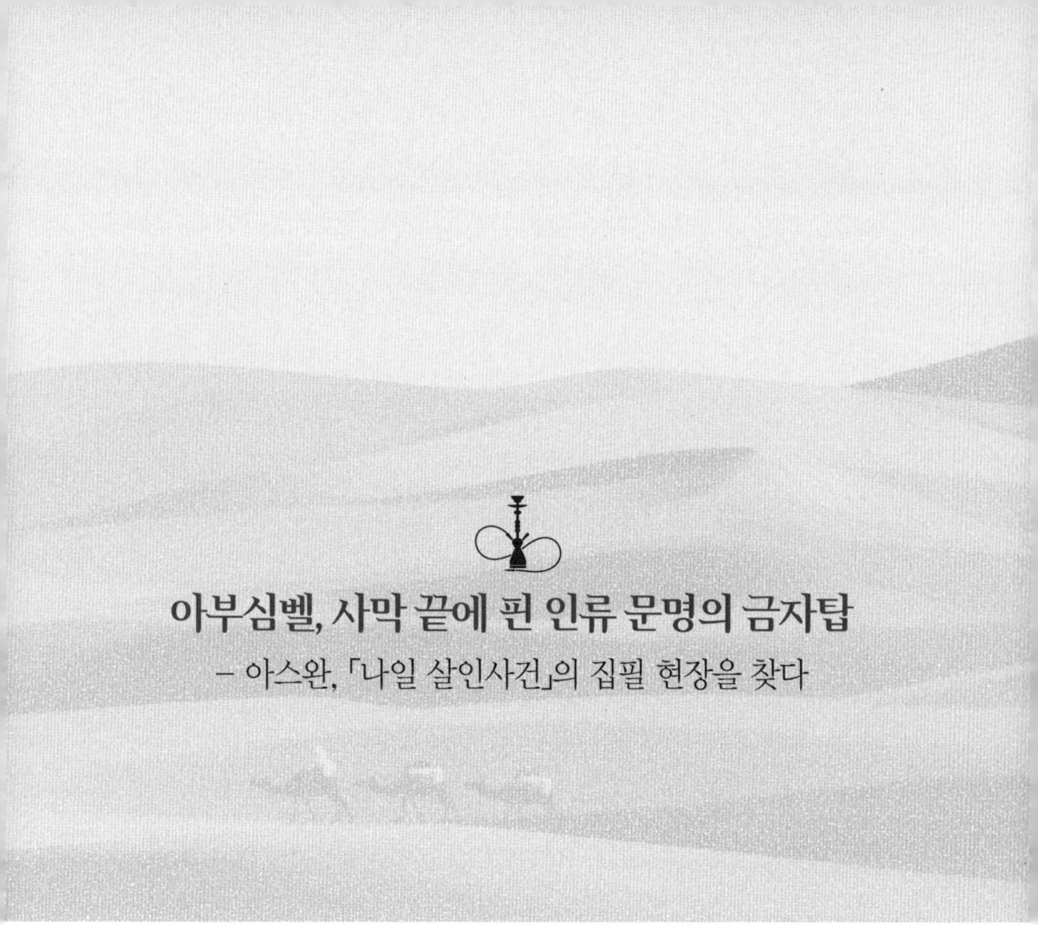

아부심벨, 사막 끝에 핀 인류 문명의 금자탑

– 아스완, 「나일 살인사건」의 집필 현장을 찾다

현재 아부심벨 관광은 하루 두 차례로 제한되고 있다. 지난 1997년 룩소르 하트셉수트 신전에서 62명의 관광객이 테러 집단에 의해서 희생된 사건 이후 아스완서 아부심벨 구간은 지금까지도 관광객이 탄 차량의 앞뒤에서 경찰의 호위를 받아야만 갈 수 있기 때문이다. 아부심벨은 수단과의 국경 지역으로 수백 킬로미터나 되는 사막을 거쳐 가야 하기 때문에 테러리스트가 마음만

먹으면 그곳을 오가는 관광객을 표적으로 삼을 수 있다.

새벽 4시와 11시 두 차례 차량들이 출발하고 있다. 아스완에서 아부심벨까지는 280km로 대략 3시간 소요된다. 나와 아내는 선착장에서 기다리고 있던 승용차(기아차)를 타고 두 번의 검문을 받으면서 집결지에 도착(3시 30분)하니 우리 차량이 제일 먼저였다. 출발 시간이 가까워지자 대형버스, 승용차 등이 집결하기 시작하여 40여 대가 넘게 보였다. 선두차량의 호위 하에 길게 늘어서 사막을 달리는 모습이 장관이다. 시야를 뿌옇게 흐려 놓았던 새벽녘의 안개가 연기처럼 흩어지면서 벌써 동이 트기 시작한다. 나는 대기 속의 미세한 물방울 입자와 부딪쳐서 반짝거리는 그 창백한 금빛 햇살의 아름다움에 감응되어 눈을 깜박거렸다. 잠시 후 사막의 지평선을 가르면서 붉게 물든 동녘 하늘을 뚫고 솟구쳐 오르는 장대한 일출을 볼 수 있었다. 새벽에만 볼 수 있는 사막여행의 또 다른 백미였다. 사막의 아침은 짧았다. 사막은 단 한 번의 기지개로 태양을 품속으로 받아들였다.

아부심벨 가는 도로변에는 화장실이나 편의시설이라고는 아무것도 없다. 그래도 용무는 봐야 하니까 나는 중간쯤 가다가 차를 세우게 하고 오줌 줄기를 날림으로써 사막과 첫 대면을 했다. 바람이 심하게 불었으나 모래 먼지는 날리지 않는다. 승용차가 가끔씩 버스에 추월당하는 이유가 바로 바람 때문에 몸집 큰 버스보다 속력을 더 낼 수 없기 때문임을 알았다. 사막은 누런 황톳빛 바탕에 검게 탄 듯한 봉우리가 흩어져 있어 신화적 상실을 불러

일으키고 있다.

공기는 청량하고 시야는 넓어서 상쾌한 기분이 든다. 아스완 아부심벨 간 고속도로는 1980년대 말 완성되어 아부심벨 유적 관광의 획기적 장을 열었다. 오전 7시 20분경 아부심벨에 도착하자 마주친 것은 아스완 하이댐 완공으로 사막에 거대한 푸른 담수호가 끝없이 이어지는 장관이었다. 수단 국경까지 이어지는 사막의 호수는 나일강을 끼고 5천 년간 이어져 오던 문명의 풍토와 역사를 바꿔 놓고 있다고 한다. 거대한 자연을 인위적으로 변화시켜 도전한 대역사에, 앞으로 신(하늘)은 어떤 인과응보를 내릴지 자못 두려움이 앞선다.

이집트 왕국 3천 년 역사상 가장 번영의 시대를 이끌었던 람세스 2세는 태양신 아몬(라)과 창조신 프타 그리고 자신을 위해 거대한 신전을 건립했다. 이곳 아부심벨에는 람세스 2세 신전으로 불리는 아부심벨 대신전과 그가 가장 사랑했던 부인 네페르테리를 위한 신전인 하트로 신전이 나란히 나일강을 바라보며 서 있다. 아부심벨 대신전 앞에는 20미터 높이로 우뚝 서 있는 4개의 람세스 2세의 거상이 있다. 그의 두 다리 사이에는 그의 딸의 상이 발가락을 딛고 미소짓고 있다. 신전 내부에는 오시리스 신의 모습으로 형상화된 람세스 2세의 8개의 입상이 서 있고 카데쉬에서의 히타이트와의 대규모 전투를 사실적으로 묘사하고 있다. 고통

스러워하는 병사들의 표정이나 내뿜는 힘의 열기가 대열주실 벽면을 가득 채우고 있다. 람세스는 자신의 위대한 업적을 신전에 새김으로써 누구도 이곳을 지나 쳐들어올 생각을 말라는 경고를 보내고 있는 것이다. 바로 이웃에 있는 왕비의 신전은 람세스의 그것에 비해 규모가 작고 소담스럽지만, 건강미와 세련함이 돋보였다.

우리가 아부심벨 신전에 더 애착이 가는 것은 물속에 잠겨 있어야 할 위대한 인류의 축조물이 지상에 남아 있다는 사실일 것이다. 1959년 이집트 정부가 관개수로를 통한 농업혁명을 내세우며 아스완댐을 건설한다고 발표했을 때, 아부심벨도 나일강가에 있는 무수한 신전과 함께 수몰될 운명에 처했다. 그러나 유네스코를 중심으로 하는 문명 세계는 이 위대한 문화유산을 살려야 한다고 목소리를 높였고, 인류사회는 막대한 돈을 들여 두 신전을 1000여 개 조각으로 나누어 1967년 9월 드디어 원래의 위치보다 210미터 뒤쪽, 63미터 위쪽으로 통째로 옮겨 놓는 데 성공했다. 이전 기금을 댄 50개국 중에는 한국도 포함된다. 당시 우리는 경제적으로 그리 넉넉하지 못하였지만, 크리스마스실을 판매한 수익금을 보냈다고 한다.

신전을 자세히 들여다보면 잘랐다 이어 붙인 자국을 수없이 볼 수 있다. 조각조각 잘린 람세스의 근엄한 얼굴에는 현대인의 무지를 꾸짖는 뼈아픈 충고가 서려 있는 듯하다. 아무튼 아부심벨

이전 공사는 인류 역사상 유례를 찾아볼 수 없는 사건으로 아부심벨이 고대 이집트의 문화유산이 아니라 인류 전체의 유산임을 세계인에게 알리는 계기가 되었다.

아부심벨 대신전(왼쪽)과 하트로 신전(일명 네페르테리 신전)

● 아부심벨 신전 앞 아스완댐 호수

● 아부심벨 대신전 앞

양 신전의 관람을 마치고 나는 옆의 소나무 수십 그루가 그늘을 만들어 주고 있는 동 벤치에 앉아 멀리 사막 가운데로 파랗게 펼쳐져 있는 아스완 댐이 만든 나일 호수를 바라보면서 끝없는 상념의 나래를 펼쳤다. 나일강은 저 사막을 가로질러 흘러왔는데 나그네의 발길은 이제 아부심벨에서 끝나야 하는가! 여기서 50km만 가면 검은 아프리카 왕국 누비아 땅이 있던 수단 국경이라는데…

나는 아프리카 내지(內地)로 향하는 사막의 소실점(消失点)에서 눈을 떼지 못하고 있다. 저 신기루 어른거리는 사막의 바다로 사람이 가면 길이 되고, 그 길은 결국 사람과 해후하고 다시 나그네에게 영감과 상상력과 밝은 시정(時精)을 불어넣어 줄 것이다.

불현듯 나는 모든 것은 벗어 던지고 저 사막 깊은 곳을 향하여 훨훨 날고 싶은 충동에 사로잡혔다. '새로 태어나려는 자는 하나의 세계를 파괴해야 하듯이' 시간과 공간이 바뀐 낯선 세계의 풍경 속으로 때론 돈키호테처럼, 때론 고독과 절망을 벗 삼아 내 안에 숨겨진 낯선 또 하나의 나의 세계, 저 '아프락사스(Abraxas)'를 향하여…

문득 눈을 돌려 벤치 앞을 보니 개 10여 마리가 떼거리로 몰려와 관광객이 던져준 음식을 받아먹기에 이골이 난 행동거지로 나한테도 보시(布施)를 바라고 있다. 개들마저도 '원 달라, 원 달라' 하는 듯이 보였다. 가이드가 나의 사색을 방해하고 싶지 않았다는 듯이 조심스럽게 다가와 추가 설명을 한다. 이번 가이드는 가장 마음에 들었다. 진솔하기도 하였지만, 그는 미리 준비해온 메모지와 사진첩을 보이면서 연대와 중요사건, 숫자 등을 적어 보이기로 하고 중요사항은 제스처 섞어 강조하기도 하는 등으로 성의를 다해 주어 놓치는 것이 거의 없었다. 헤어질 때 팁을 더 배려했음은 물론이다.

● 아부심벨 신전 앞 개 떼들

올드 카타락트, 애거서 크리스티의 추억을 떠올리며

아부심벨을 뒤로하고 떠나기 아쉬운 마음에 몇 번이고 뒤돌아 보는 심정으로 11시 아스완으로 향했다. 오는 도중 잠을 못 잔데다가 피로가 겹치고 긴장의 이완으로 앉은 채로 눈을 붙이려 해도 몸의 컨디션이 좋지 않았다. 아내의 무릎에 머리를 대고 발을 뒷좌석 의자에 올리고 1시간가량 자는 둥 마는 둥 휴식을 취하고 나니 어느 정도 회복이 되었다. 멀리 바다에 푸른 물결이 일렁이고 푸른 산맥이 연이어 있는 풍광이 계속되고 있었다. 가이드가 저것이 바로 신기루(Mirage)라고 했다. 아무리 봐도 바다와 산이 어우러진 듯한 광경이었다. 사막에서 길을 잃고 그곳을 향하여 기진맥진 가다가 얼마나 많은 사람들이 모래 속에 묻혔는가. 아스완 시내로 들어오면서 구(舊)아스완 댐(일명 브리티쉬댐) 위에서 차를 세웠다. 나세르 대통령이 이 댐 바로 상류에 아스완 하이댐을 건설함으로써 이 댐의 역할은 크게 줄었지만, 이집트를 식민지로 관리했던 영국인들의 저력을 아직도 느끼기에 충분할 정도로 견고하고 당차 보였다. 아스완은 이집트가 끝나고 누비아가 시작되는 지점으로 많은 유적지와 사연이 산재해있다. 아스완의 고대유적인 신전과 카르낙 유적지 및 세계 최고의 화강석 채석장 등을 차 안에서 상견했다.

시내에 당도하자마자 곧바로 나는 오늘 묵기로 한 호텔을 포기하고 올드 카트락트(The Old Catract) 호텔로 옮겼다. 이 호텔은 내가 원래 머물고 싶은 호텔이었다. 내가 좋아하는 추리소설의 여왕 애거서 크리스티가 머물면서 영화로도 만들어진 「나일 살인사건(Death on the Nile)」을 집필한 곳으로서 역시 그녀가 「오리엔탈 특급살인사건」을 집필한 이스탄불 탁심지구에 있는 패라팔

아스완 시내

레스 호텔과 더불어 이번 여정의 주요 탐사 포인트의 하나였기 때문이다. 올드카트라트는 과거 롬멜 원수, 처칠 수상 등이 휴식을 취한바 있는 100년이 넘은 이집트를 대표하는 유서 깊은 호텔이다. (그런가하면 현재(2021. 4) Netflix에서 방영 중인 '나일강의 비밀'의 촬영 배경지이기도 하다) 내부 정원과 실내 장식, 주변 위치가 최상급이었다. 신관 내에는 최고의 스파시설과 각종 여가시설이 갖춰져 완벽한 휴양지로서 손색이 없었다. 객실(2606호) 역시 가격에 비해 최고의 안락함과 최상의 전망을 자랑하고 있다. 이곳에서 바라보는 나일강의 정경은 꿈속의, 아니 천국의 속삭임이 들리는 듯 아늑함에 빠져들게 한다.

아스완은 나일강의 최고 풍경을 자랑하며 그중에서도 이곳 올드 카트락트 호텔에서 보는 나일강과 석양의 노을은 으뜸이란다. 과연 명불허전이었다. 아내는 어젯밤 열차 안의 충격을 떠올리면서 하루 만에 지옥에서 천국으로 온 경험이라고 흡족해했다. 나 역시 그런 생각이 들면서 결혼 30주년 기념 여행이기도 한 이번 여정의 과정에서 어느 정도 체면이 선 것 같았다.

호텔 식당에서 늦은 점심을 때우려다가 대신 아내가 준비해온 컵라면에 김치, 마늘장아찌, 볶은 멸치, 고추장 등을 곁들여 호텔 객실에서 맛있게 포식했다. 식사 후 직원의 안내를 받아 애거서 크리스티가 「나일 살인사건」을 집필한 방을 찾았다. 구관 2층(1201)에 있는 방의 거실, 집필실, 침실 등을 보면서 그녀의 작품 집필

● 아스완 올드 카트락트 호텔 구관

● 아스완 올드 카트락트 호텔에서 본 나일강변

에 대한 고뇌와 희열을 느끼려 하였다. 집필 의자에 직접 앉아 기념사진을 찍었다. 그녀가 사용했던 방은 현재도 스위트룸으로 손님을 받고 있다. 하루 방값은 7,000달러(약 800만원) 정도라고 한다.

1928년 크리스티는 첫 남편과 이혼하고 14세 연하의 옥스퍼드 대학 출신의 고고학자와 결혼을 한다. 그녀는 해마다 남편과 함께 이라크, 시리아, 이집트로 몇 개월씩 탐사 여행을 떠났다. 소설로 번 돈을 고고학에 투자했다. 탐사 여행은 그녀가 68세였던 1958년까지 계속되었으며 남편인 맥스 멜로원은 우르, 니네베, 님루드 발굴에 큰 업적을 남겼다. 부부는 금실이 좋았다. 탐사 여

애거서 크리스티가 '나일 살인사건'을 집필한 올드 카트락트 1201호실과 애거서 크리스티

행의 추억은 크리스티 소설의 배경으로 활용되었으며, 「나일 살인사건」 역시 그 여행의 산물이었다.

크리스티는 매우 내성적인 성격이었다고 한다. 그 일화 하나. 1962년 고급호텔에서 개최된 「쥐덫」(1952년 막을 올린 이래 지금까지도 상연되고 있는 그녀가 쓴 희곡) 상연 10주년 행사에 온 크리스티를 현관 안내인이 알아보지 못하고 입장을 막았다. '내가 행사의 주인공이요' 하면 될 것을 그녀는 아무 말도 못하고 집으로 돌아와 울었다고 한다.

이어 석양이 내리는 나일강가에서 예약해둔 페루카(손으로 노를 저으면서 바람의 힘으로 나가는 작은 돛단배)를 타고 편안한 마음으로 한가하게 아스완 시내를 끼고 흐르는 나일강변을 감상했다. 강 중간지점에서 돌아오는데 바람이 불지 않아 페루카가 움직이지 않는다. 손으로 노를 젓다가 여의치 않아 작은 모터선을 불러 옮겨 타고 호텔 선착장으로 돌아왔다. 객실에 도착하니 근평(장남), 근우(차남)한테서 안부 전화가 왔다. 오늘이 어버이날임을 축하드리며 행복하고 건강한 여정이 되라는 말에 가슴이 뿌듯하고 고마웠다. 객실의 테라스에서 나일강의 밤 풍경을 바라보면서 담소하다 꿈나라에 빠져 푹 자고 나니 피곤함과 찌뿌둥한 몸 상태가 완전히 풀리고 활력이 찾아왔다. 이집트 여행의 정수이자 생의 보람과 환희를 만끽할 수 있는 시간이었다. 이것이 인생의 참 멋과 삶의 희열이 아닐는지!

● 나일강(아스완)의 페루카

오늘은 카이로를 거쳐 터키 이스탄불로 간다. 아침 6시 55분 카이로행 항공기를 타기 위해 새벽 5시 30분 호텔을 출발했다. 호텔에서 맛있는 아침 식사를 하면서 좀 더 여유로운 시간을 못 가진 것이 못내 아쉽고 서운했지만 언제 올지 모를 후일을 기약했다. 비행기는 정시에 출발, 아침 8시 20분 카이로 신공항에 착륙했다. 카이로 신공항은 넓고 쾌적했으며 그렇게 붐비지도 않았다. 예정했던 이집트 맞춤 여행을 주선한 현지 여행사 사장이 초대한 아침 식사를 취소하고 공항 구내에서 이집트 여행을 정리하는 글을 쓸 시간을 갖기로 하였다. 공항식당에서 샌드위치와 빵으로 간단한 아침 식사를 하고 드넓은 공항 공간을 바라보면서 이 글을 쓰다 보니 벌써 터키 항공 탑승 시간이 다가오고 있다.

인류문명의 살아있는 희망, 이스탄불

– 사람과 활기로 넘치는 실크로드의 종착지, 인류문명의 박물관

터키의 국사(國史)는 민족사이다

터키공화국은 1952년 '건국 1400주년' 기념행사를 가졌다. 중국 역사서 '자치통감'에는 'AD 552년 돌궐의 수장인 토문(土門)이 유연(柔然)을 격파하고 그 수장 두병가한을 자살하게 하다'라고 적혀있다. 돌궐이란 투르크(터키)족을 말한다. 돌궐은 흉노의 일파로

서 사마천의 「사기」에는 정령(丁靈)으로 언급되고 있다. 흉노의 역사를 이어받은 터키족이 바로 돌궐족이다. 그 후 돌궐은 몽골계 민족인 유연에 속해 있었으나 552년 토문이 유연을 격파하고 독립하였기 때문에 터키공화국은 그해를 건국의 해로 본 것이다. 그렇지만 그 장소는 현재의 아나톨리아에서 멀리 떨어진 중앙아시아의 알타이 산맥 부근이었다.

터키족은 우리 한민족과 같은 알타이 문화권에 속한다. 아득한 옛날 두 민족은 중앙아시아에서 한 핏줄로 살다가 그들은 서쪽으로, 우리는 동쪽으로 이동해 왔다. 흉노로부터 시작한 터키족은 돌궐족, 위구르족으로 이어지고 그들의 일파가 다시 서쪽으로 진출해 아나톨리아 반도에 정착하여 셀주크투르크 제국, 오스만 제국에 이어 1924년 오늘의 터키공화국을 건설한 것이다. 때문에 터키에서의 국사는 흉노로부터 시작하는 민족사를 의미한다. 반면 현재 터키 국토인 아나톨리아 반도에서 명멸했던 히타이트, 우르라트 왕조, 프리기아 왕조, 사산조 페르시아, 비잔틴 제국의 역사는 세계사로 가르치고 있다. 터키는 우리와 고대사의 일정 부분을 공유하고 있다는 점에서 진한 민족적 동류의식을 느끼게 한다.

6년 만에 다시 찾은 이스탄불, 사람과 활기로 넘치다

비행기 상공에서 내려다본 이스탄불 부근의 짙푸른 초원과 산야가 마치 한국의 그것을 연상시킨다. 이스탄불 시내의 스카이라인과 도시의 모습이 정겹게 눈에 들어온다. 한양대학교 이희수 교수는 이스탄불이란 단어만 떠올려도 가슴이 마구 뛴다고 한다. 누구든 이스탄불을 한번 방문하기만 하면 그녀(이스탄불)가 끌어들이는 매력에 빠져 심하게 열병을 앓는다고도 한다. 나 역시 그녀를 향한 열병을 앓다가 6년 만에 다시 해후하게 되었다. 인류 역사의 축소판, 아시아를 가로질러온 실크로드의 대여정이 마무리되는 바로 그 이스탄불과 말이다. 일주일간 한국 음식을 맛보지 않아서였는지 공항에서 곧바로 구 시가지에 있는 한식당 「서울정」으로 향하였다. 6년 전 그때보다도 음식의 맛과 질이 향상되었음을 느낄 수 있었다. 이스탄불의 날씨는 흐린데다가 제법 쌀쌀하기까지 하다. 이집트의 열기 속에 뛰어들었다 막 나온 탓에 체감온도가 더 심하게 느껴졌으리라. 이스탄불 신도시인 탁심 지역의 그랜드 하얏트 호텔에 체크인한 후 모처럼 헬스클럽에서 1시간가량 운동을 했다.

이튿날 일찍 기상하여 밖을 보니 하늘이 잔뜩 찌푸려 있고 어제저녁보다 더 한기가 느껴진다. 그러나 비만 오지 않는다면 시내 관광하기에는 적합하겠다. 신학과 역사를 전공했다는 한국인

가이드와 함께 먼저 술탄 아흐멧 지구로 갔다. 술탄 아흐멧 모스크(일명 블루 모스크)를 둘러보고 이어서 바로 옆의 히포드롬 광장을 찾았다.

광장에 버티고 있는 4개의 구조물은 저마다의 사연을 담고 있다. 광장 남쪽에 웅장하게 서 있는 25.6m의 오벨리스크는 3일 전

● 히포드롬 광장의 오벨리스크. 룩소르 카르낙 신전에서 옮겨 온 것이다.

● 술탄 아흐멧 모스크

방문했던 룩소르 카르낙 신전에서 로마 황제 테오도시우스 1세가 운반해온 것으로 상형문자가 아름다운 부조작품처럼 선명하게 새겨져 있었다. 이집트를 찾은 여파일까, 어쩐지 상형문자가 낯설지 않고 배워서 조금이라도 해독하고 싶은 충동이 이집트에서부터 내내 일고 있었다. 가운데의 청동 뱀 기둥(8m)은 콘스탄티누스 1세가 그리스 델포이의 아폴론 신전에서 가져온 것으로 윗부분이 잘려 나갔다. 십자군(4차)의 소행이다. 제일 안쪽에 있는 돌로 만든

● 지하궁전 저수지의 메두사 머리

오벨리스크는 동로마 황제 콘스탄티누스 7세가 만든 것으로 원래는 황금으로 장식되어 있었으나 역시 십자군들이 금장식을 뜯어가는 바람에 돌탑만 볼품없이 서 있다. 광장 한쪽 켠의 8각형 건축물은 독일의 빌헬름 2세가 기증한 것으로 「독일의 샘」이라고도 불린다.

광장을 벗어나 아야소피아 성당과 술탄 아흐멧 모스크 중간 지점에 있는 007 영화의 배경이 되었던 지하 저수 궁전으로 발길을 돌렸다. 336개의 다양한 석주가 받치고 있는 지하저수지에는 배가 떠다닐 정도로 물이 차 있다. 지하 저수지 가장 안쪽에 거꾸로 처박혀 있는 2개의 메두사 머리 부근에 많은 사람들이 붐벼 발을 들여놓기가 힘들 정도였다. 6년 전에 왔을 때도 마찬가지였다.

이어 아야소피아(성소피아 성당)를 경내를 관람하려 했으나 30여 분은 족히 기다려야 할 것 같아 오후로 미루고 톱카프 사라이 구내에 있는 이스탄불 고고학 박물관을 찾았다. 술탄 아흐멧 지구뿐만 아니라 시내 전체가 사람의 물결로 인산인해를 이루고 있다. 6년 전 그때와는 비교가 안 될 정도였다. 내일 찾을 트로이를 떠올리면서 트로이관을 비교적 자세히 훑어보았다.

수메르 문명, 앗시리아 문명, 히타이트 문명 등 이집트 문명에 버금가는 세계 4대 문명 중 하나인 메소포타미아 문명의 진수를 엿볼 수 있었다. 특히 점토판에 새겨진 쐐기문자(설형문자)로 된

● 알렉산더 대왕 석관으로 알려 졌으나 알렉산더의 부장의 것으로 판명되었다.

길가메시 서사시와 함무라비 법전이 눈길을 끌었다. 이 박물관의 백미 중의 하나로서 그동안 알렉산더의 석관으로 알려진 석관은 최근 알렉산더의 부하 장군 중의 한사람인 아브달로니모스(Abdalonymos)의 것으로 밝혀졌다.

무엇보다도 이 박물관이 자랑하는 걸작품은 설형 점토 문자판에 새겨진 카데쉬 평화협정문이다. 기원전 13세기 중반 고대 이집트의 람세스 2세와 히타이트의 무와탈리쉬왕 사이에 맺어진 협정문은 인류 최초의 평화조약으로 알려져 있다. 오늘날 국제조약 문구에 상투적으로 등장하는 '동맹국 또는 회원국 일국에 대한 위협은 전체 동맹국 또는 회원국에 대한 위협으로 본다'는 규정의 효시가 바로 위 평화협정문이다.

이스탄불 고고학 박물관의 설형 점토판에 새겨진 카데쉬 평화협정문

부근에 있는 한 호텔 옥상의 터키음식점에서 보스포로스 해협을 바라보면서 생선요리로 점심을 때우고 아야소피아를 찾았다. 사람의 줄이 없어지고 좀 한산한 모습이었다. 기원후 4세기 맨 처음 세워진 후, 2차례 지진과 방화로 소실된 것을 6세기 중엽 유스티니아누스 황제가 6년이라는 불가사의한 짧은 기간에 재건한 후 1500년을 버텨온 저력에 걸맞게 내부와 외부 모두 그 위용을 자랑하고 있다.

유스티니아누스 황제는 비록 니카 반란으로 불명예의 시절을 겪기도 했으나 정신적(무형), 물질적(유형)으로 위대한 인류문화유산을 남겨 그 이름을 만고에 빛내게 되었다. 바로 로마법을 집대성한 유스티니아누스 법전과 아야소피아 사원이다. 유스티니아누스 법전은 우리의 민법전에도 많은 조항이 반영될 정도로 지금까지 세계 각국 법전의 기본이 되고 있다.

● 아야소피아 모스크(성 소피아 성당) 전경

● 아야소피아 모스크(성 소피아 성당) 내부

오스만 제국의 관용과 공존의 정신

나는 아야소피아 경내를 관람하다가 한 무리의 한국 여행객들과 조우했다. 그들 중 누군가가 아야소피아 벽면의 손상된 모자이크 성화를 보면서 오스만 제국이 저렇게 손상시켰다고 제법 큰 소리로 말하는 것이 들렸고 일행 대부분이 그 말에 고개를 끄덕이는 장면을 목격했다. 그러나 이는 잘 못 알고 있는 것이다. 손상된 모자이크 성화는 제4차 십자군 원정 때 같은 기독교인인 라틴 기사들의 물욕이 빚어낸 소행이었다. 오스만 군대는 그 위에 회칠을 해서 그 형상을 가렸을 뿐이다. 마찬가지로 카파도키아의 동굴 벽화(성화)의 파괴 역시 비잔틴 제국 시절 성상 파괴 운동의 결과였다.

비잔틴 제국을 멸망시킨 메흐멧 2세는 신앙에 있어 관용적이었으며 절대 광신적이지 않았다. 그 전통은 오스만 제국 말기까지 이어졌다. 비록 아야소피아를 비롯한 이스탄불의 8개 기독교 교회를 모스크로 개조했지만, 성직자를 살해하거나 개종을 강요하지 않았다. 성당을 파괴하지도 않았다. 이슬람의 우상숭배 금지에 따라 회반죽으로 성화를 가리도록 했을 뿐이다.

이는 스페인에서의 레콘키스타(국토회복운동) 이후 기독교 통치자들이 그라나다의 알람브라 궁전과 코르도바의 메스키타 모스크의 중앙 핵심 부분을 헐어내고 기독교 성당을 세운 것과 대비된다. 비록 관례에 따라 3일간(실제는 하루)의 약탈을 허용했으나 일반 민중에게는 해를 끼치지 않았다. 반면 제4차 십자군은 예루살렘을 점령한 후 이교도인 주민들을 대량 학살하였을 뿐만 아니라 콘스탄티노플을 점령하고 아야소피아 내를 철저히 약탈하였다.

메흐멧 2세는 정복 후 바로 겐나디오스 2세를 기독교회(동방정교)의 총주교로 임명하였으며 기독교뿐만 아니라 유대교의 자치조직을 허용하였다. 그 결과 이스탄불의 인구는 20세기 초까지 비무슬림이 더 많았다. 이교도가 인구의 절반이 넘는 수도를 가진 제국은 그 자체만으로도 충분히 위대하고 관용적이다. 또한, 피지배 민족의 다양한 관습과 종교, 정체성은 밀레트라는 제도의 틀 속에서 보호 유지되었다. 이러한 공존의 정신이야말로 아시아, 유럽, 아프리카 세 대륙에 걸쳐 최대의 제국을 건설했던 오스만 제국의 진정한 힘이었다. 그럼에도 서구중심의 세계사에서 오스만 제국의 역사적 지위와 역할은 제대로 주목받지 못했고 그것마저도 부정적 측면을 애써 강조하고 있다. 그리하여 우리는 아직도 서양이 공격하면 정복이나 위대한 승리이지만 동양(훈족, 몽골족, 오스만 등)이 공격하면 찬탈이나 파괴가 되어야 하는 세계사 교과서의 서술 방식에 익숙해 있다. 한마디로 오스만 제국사는 세계사 교과서에서 찢겨나간 페이지가 되었다.

이제 오스만 제국의 성격과 통치 스타일(다양성에 바탕을 둔 관용성)은 재평가, 재정립되어야 한다고 본다. 나의 터키 기행은 이러한 문제의식이 한몫을 했다.

이어 톱카프 사라이(궁전)를 찾았다. 여전히 사람들로 붐비고 있었다. 정원을 가로지르면서 날씨가 흐린 것이 다행이라고 몇 번을 생각했다.

잔뜩 벼르고 있었던 궁전 부엌을 개조하여 만든 중국 도자기관은 벌써 4~5년 전부터 휴관이라고 하여 실망을 금치 못했다. 6년 전 왔을 때 나는 두 번이나 이곳을 찾은 적이 있다. 새 단장, 새로운 전시물로 하루속히 재개원하기를 기대한다. 현재 12,000여 점의 중국 도자기를 소장하고 있는 것으로 전해지고 있다. 문득 터키의 노벨문학상 수상작가인 오르한 파묵이 쓴 「내 이름은 빨강」이라는 추리소설이 생각난다. 톱카프 사라이에서 일어난 사건을 다룬 추리소설이다.

이스탄불 대학 근처에 있는 「쉴레이마니예 모스크」. 교통체증으로 가는 데 시간이 많이 소요되었으나 그 세련미와 웅장미 등 미적, 외관적 면에서 술탄 아흐멧 모스크보다 훨씬 앞섰음을 직감했다. 오스만 제국 최대의 전성기인 쉴레이만 2세 때에 천재 건축가 미마르 시난에 의해서 지어진 이름값을 톡톡히 하고 있는 오스만 제국의 자존심을 자랑할 만한 건축물이다.

해거름에 지친 몸을 이끌고 찾은 곳은 신시가지인 탁심 지구 패라(PARA) 지역에 있는 패라 팔래스 호텔이었다. 내가 탐독했던 추리소설의 작가 애거서 크리스티가 「오리엔탈 특급살인사건」을 집필한 현장이다. 1차 세계대전 때에는 프랑스, 영국, 이태리 등

● 애거서 크리스티가 '오리엔탈 특급 살인사건'을 집필한 패라 팔래스 호텔과 411호실

열강의 정보원들이 머물면서 첩보전을 벌였던 곳이기도 하다. 호텔 프론트에 그녀가 머물던 411호실을 볼 수 있느냐고 문의하니 지금은 보여줄 수 없다고 한다. 아마 투숙객이 있는 것 같았다. 그 방 앞에서 사진을 찍는 것으로 만족할 수밖에 없었다.

트로이 전쟁과 제1차 세계대전

- 그 3000년 역사의 시공간을 찾아가다

기원전 12세기, 서방의 그리스 연합군과 동방의 트로이 간 전쟁에서 그리스 연합군이 승리함으로써 서양문화의 모태가 된 헬레니즘 문화가 태동된다. 헬레니즘은 헤브라이즘과 더불어 서양문화의 2대 원류로서 트로이 전쟁의 원인이 된 스파르타의 왕비 헬레나에서 그 명칭이 유래되었다.

한편 트로이 전쟁의 와중에서 트로이 왕의 사위였던 아이아네스가 그 일족을 이끌고 불타는 트로이를 빠져나온다. 이들은 에게해, 지중해를 전전하다가 현재의 이탈리아 중부에 정착하여 「알바롱가」 라는 도시를 세운다. 이 도시가 훗날 로마의 모체가 되고 아이아네스는 로마의 건국 시조가 되었다. 따라서 트로이 전쟁은 서양 역사의 뿌리이자 자궁이다. 서양의 모든 역사책은 트로이 전쟁부터 시작한다.

그로부터 3000여 년 후인 제1차 세계대전 때 멀리 트로이가 시야에 들어오는 「다르다넬스 해협」의 양안에서 벌어진 전투에서 오스만 투르크 군이 연합군에 승리함으로써 러시아를 고립시켜 결국 러시아에서 사회주의 혁명이 일어나고 그 후 세계사의 물줄기가 바뀌었다. 3000년을 뛰어넘는 두 전쟁의 격전지 탐사는 「트로이 가는 길」이다. 1871년 아마추어 고고학자 하인리히 쉴리만(Heinrich Schliemann)에 의하여 발굴되어 신화의 영역에서 역사의 세계로 편입된 트로이탐사, 오랫동안 벼려왔던 길이었다.

2013년 5월 10일 이스탄불의 하늘은 잔뜩 찌푸려 있다. 아침 6시 30분 현지인 가이드와 운전기사, 그리고 아내와 넷이서 숙소인 그랜드 하얏트 호텔을 출발하였다. 20여 분 채 못가 이스탄불 시내를 벗어나 그리스 국경 방향으로 난 고속도로에 진입한다. 근처 휴게소에 들러 터키식 아침 식사를 들었다. 뷔페식의 샐러드와 빵, 그리고 갓 구워 낸 터키 전통의 치즈 토스트가 없던 식욕을 불러온다. 휴게소는 깨끗하고 시설이나 서비스의 질도 좋았다.

휴게소를 나서 1시간가량 달려 테키르타크(Tekirdag)를 지나자 날씨가 개면서 푸른 하늘이 보이기 시작했다. 청명한 드높은 대기가 아름다운 대지를 부드럽게 감싸고 있었다. 초록과 진한 황초색의 건물이 어우러진 산야는 눈의 피로를 덜어주면서 마음을 저 원초적인 어머니의 품으로 끌어들이고 있었다.

터키 공화국 탄생의 배경지, 다르다넬스 해협

그리스 국경 가까운 케잔 교차로에서 좌회전하여 겔리볼루(Gelibolu)방향으로 향한다. 조금 달리니 지도상 잘록하게 들어간 지점에 다다르고 비로소 양쪽으로 바다가 보인다. 오른쪽은 「에게해」이고, 왼쪽은 「마라마르해」다. 양 바다는 다르다넬스 해협(터키에서는 차낙칼레 해협으로 불림)을 통해서만 연결된다.

10시 30분경 겔리볼루항 선착장에 도착했다. 겔리볼루는 인구 약 1만 명 항구도시로 차낙칼레주의 유럽지역과 같은 주 아시아를 연결하는 해상교통의 주요 지점으로 역사적으로 다르다넬스 해협의 장악을 위한 전초기지 역할을 한 곳이다. 6 · 25전쟁 때는 미국, 영국에 이어 가장 많은 전투병력을 파견한 터키의 참전 군인들이 한반도의 부산항을 향하여 출항한 곳이기도 하다.

제1차 세계대전 당시 이곳 겔리볼루에서 차낙칼레로 이어지는 다르다넬스해협 양안(兩岸)의 장악을 둘러싸고 영국, 호주, 뉴질랜드, 프랑스 등의 연합군과 독일, 오스트리아 편에 가담했던 오스만 투르크군 사이에 치열한 전투가 벌어졌다. 이때 오스만 투르크의 무스타파 케말(아타튀르크)장군이 군지휘관으로서 그 진가를 발휘하여 전후 터키 공화국 수립의 주역으로 떠오른다.

1915년 5월부터 9개월 사이에 연합군과 터키군 장병 11만 명의 목숨을 앗아간 차낙칼레 전투에서 터키군은 연합군을 격퇴한다.

● 겔리볼루 지방의 어느 풍광

● 겔리볼루 항구 원경

이곳 다르다넬스 해협에서의 터키군의 승리로 흑해로 진격하여 연합군 측에 가담했던 러시아 황제를 도우려 했던 연합군의 전략은 차질을 빚게 되고 이로 인하여 러시아는 고립되어 정정 불안 속에 결국 로마로프 왕조를 타도하는 러시아 사회주의 혁명으로 이어졌다. 만약 오스만제국이 차낙칼레 전투에서 패했다면 연합국의 원조를 받은 러시아의 역사는 완전히 다른 방향으로 전개되었을 것이다.

10시 50분 페리에 승선하여 30분 후 양안의 아시아 쪽 지점인 차르닥항에 도착했다. 페리 선상에서 멀어져가는 겔리볼루의 전

● 차낙칼레 항구

경을 바라보니 더 없이 소박하고 평온한 모습의 아름다움을 드러내고 있어 제1차 세계대전의 격전지였음을 무색하게 한다. 멀리 겔리볼루 항구의 킬리트바히르(Kilitbahir) 언덕 위에 커다란 글씨가 터키어로 새겨져 있다.

"멈춰라. 여행자여, 그대가 아무것도 모른 채 발을 들여놓는 이 곳은 한시대가 가라앉은 곳이다."

잠시 숙연한 마음이 든다. 이 차르닥에서 다르다넬스 해협을 오른쪽으로 바라보면서 랍세키, 차낙칼레를 거쳐 우회전하여 50

여 분 지나면 트로이에 닿는다. 해협 건너편 대지가 손에 잡힐 듯 가까이 있고 짙푸른 바닷빛이 마음을 씻어주고 심장까지 싱그러운 내음을 불어넣고 있다. 왜 다르다넬스 해협이 숱한 전투와 영웅들의 활동무대가 되었는지 이곳에 오니 깨닫게 된다. 바로 양안의 대지가 비옥하고 손에 닿을 듯이 가까운 양안의 지정학적 위치 때문이었음을.

길이 61km, 폭 1~6km의 다르다넬스 해협은 이스탄불을 양분

● 아시아 쪽에서 바라 본 다르다넬스 해협

하는 보스포로스 해협과는 비교가 되지 않을 정도로 군사 정치적 의의가 큰 곳이다. 이곳을 봉쇄(장악)하면 마르마라 해협을 거쳐 흑해로 나가는 길이 막혀 바닷길은 무용지물이 된다. 기원전 5~6세기 페르시아 제국의 다리우스 1세와 그의 아들인 크세르크세도스가 그리스를 공격할 때 이곳 해협을 건넜으며 알렉산더대왕의 아시아 원정도 이곳에서 시작되었다. 그런가 하면 그리스의 신화의 영웅 이아손이 지휘하는 아르고(Argo) 탐험대도 이 다르다넬스 해협을 통과하여 흑해 연안의 콜키스 왕국까지 황금 모피를 찾으러 떠났다가 다시 이곳을 거쳐 그리스로 돌아오지 않았던가!

터키 정부는 2023년부터 이곳 해협을 통과하는 모든 선박에 대해 통행세를 징수할 방침이라고 한다. 지금도 군함 3척 이상은 통과를 제한하고 있다.

트로이는 살아있다

트로이에 진입하면서 주변을 보니 황량한 벌판이 아니라 짙푸른 나무와 비옥한 토지가 드러나는 평화로운 지역임을 금세 느낄 수 있다. 터키의 여느 관광지와는 달리 주변은 비교적 한가하고 차량도, 사람도 많지 않았다. 오히려 이것이 나에게는 더 위안이 되었다.

「트로이 6」과 「트로이 7」의 성벽을 지나 성문 왼쪽으로 몇 계단을 오르면 트로이의 가장 높은 전망대에 다다른다. 멀리 다르다넬스 해협이 보이고 드넓은 평원이 푸른 하늘 아래 펼쳐지고 있었다. 북쪽으로는 트로이의 항구가 있었는데 그곳이 트로이 전쟁 때 그리스 함대가 정박했던 곳으로 보여진다. 지금은 평원이 되었지만, 당시에는 성 밑 바로 아래까지 바다였던 것이다. 쉴리만은 바로 이점을 인식하고 이곳이 트로이 전쟁의 현장이었음을 직감하면서 발굴작업을 감행했다.

어린 시절부터 호머의 「일리어드」에 나오는 트로이전쟁의 사실성을 굳게 믿은 쉴리만은 사업가로서 많은 돈을 모은 40대 후반 트로이 탐사와 발굴에 나섰다. 당시 소위 전문가라는 학자들은 그를 비웃고 매도하면서 그의 발굴작업을 방해하고 심지어 자객을 보내 암살하려고 까지 했다.

드로이 지하비 감독이 만든 「더 트로이(The lust for Troy)」는 쉴리만의 트로이 발굴과정을 다룬 영화로서 3시간에 걸친 대작이다. 나는 두 차례에 걸쳐 이 영화를 보면서 깊은 감동을 받은 바 있다. 예나 지금이나 안정된 인생 항로를 걷는 사람들은 자신이 속한 분야에 얽매이지 않고 영역을 넘나드는 사람들을 경멸한다. 그러나 역사는 바로 그런 아마추어와 아웃사이더들의 꿈과 열정에 의해서 발전해 왔다. 수단이 순수하다면 자격보다 중요한 것은 결과가 아닐까? 우리는 그런 꿈과 열정을 지닌 아마추어와 아웃사이더들을 고맙게 생각해야 한다.

● 바다로 통하는 트로이 성의 지하통로 입구

이어 「트로이 2」의 성 앞에 가까이 다가가니 한 무리의 독일인 관광객이 가이드의 설명을 경청하면서 멈춰 있는 것이 보인다. 바로 쉴리만이 프리아모스 보물을 발견하였던 곳이다. 당시 쉴리만은 보물이 묻혀 있는 것을 직감하고 인부들에게 마침 오늘이 자기의 생일이어서 하루 쉰다면서 모두 돌아가도록 지시하고 아내 소피아와 함께 떨리는 손길로 보물들을 캐내기 시작하였다. 그는 소피아에게 금제 왕관과 금목걸이를 씌우면서 '당신이 바로 헬레나요' 하였다 한다.

공회당과 시장터가 있던 언덕에서 한참을 밑으로 내려가니 관람 경로 맨 마지막에 동굴이 보인다. 이 동굴은 트로이 지하도를 통하여 바다로 연결되어 있었다고 한다. 트로이 멸망시 아이아네스 등이 이 동굴을 통하여 바다로 탈출한 것으로 추정되고 있다.

실제 와서 보니 충분히 현실적인 근거가 있는 이야기다.

트로이 유적지 곳곳에는 빨간 장미처럼 보이는 이름 모를 꽃들이 간간이 피어 있고 짙푸른 숲이 우거져 금방이라도 옛 트로이인들이 튀어나와 얘기를 걸어올 것 같은 착시현상까지 느껴진다.

트로이는 분명히 살아 숨 쉬고 있었다. 트로이 성곽은 주변에 수목과 산림이 어우러져 있고 멀리 평원을 아우르는 자태로 의연히 서 있었다. 누가 트로이를 허허벌판에 아무것도 볼 것 없고 목

● 트로이 유적지 입구에서

● 트로이 유적. 에게해가 보인다.

마조차도 조잡하여 없는 것보다 못하다고 폄훼하고 있었던가! 목마를 보려면 차라리 차낙칼레 해변 공원에 있는 영화「트로이」촬영 후 기증된 그 목마를 보러 가는 것이 나을 것이다. 트로이 성 언덕에 한참을 서 있으려니 트로이인들의 번영의 속삭임과 함성

● 트로이 유적 발굴터

트로이 평원을 배경으로

트로이의 목마

이 저 들판에서, 한켠으로는 마음 깊은 곳에서부터 들려오고 있었다. 3시간여 머물다 트로이를 떠나려니 발길이 떨어지지 않아 몇 번이고 뒤돌아 봤다. 마치 오랫동안 정든 사람, 정든 땅과 이별하는 듯한 아쉬움이 남아 있는 것처럼.

차낙칼레 시내의 한 아울렛의 식당에서 늦은 점심식사를 하고 다시 다르다넬스 해협을 건너 맞은편(유럽지역)에 있는 「아베데」에 도착했다. 그곳에서 15분 거리의 에게해가 시원스럽게 보이는 곶(Cape)의 끝부분 마비다트에는 차낙칼레 전쟁기념탑이 있다. 오스만 제국이 1차 세계대전에 패하였음에도 터키 본토가 보전될 수 있었던 것은 바로 차낙칼레 전투의 승리 덕분이었다. 다르다넬스 해협을 끼고 있는 겔리볼루, 차낙칼레 지역은 현재의 터키인들에게 성지나 다름없다. 그 바로 근처 안작(Anzac)마을에는 1차 세계대전 때 전사한 호주와 뉴질랜드 군인들의 묘지가 있어 지금도 많은 호주인과 뉴질랜드인들이 찾고 있다. 특히 이 묘지에는 터키공화국이 건립된 직후 아타투르크 대통령이 안작을 방문하는 추모자들을 위하여 직접 쓴 글이 비문에 새겨있다. 그 내용이 힘들게 찾아와 표표히 떠나가는 나그네에게 깊은 여운을 남기고 있다.

"피를 쏟으며 생명을 던진 영웅들아, 지금은 친구의 나라 땅에 누워 있구나. 평안하게 누워 있으라. 우리 땅에 나란히 누워 있는 조니(서양인)들과 메흐멧(터키 병사)들 사이에는 아무런 차이가 없다. 당신들, 아들들을 먼 나라에 보낸 어머니들, 눈물을 닦으라. 당신들의 아들들은 우리의 품속에 편안히 누워 있다. 생명을 이 땅에 바쳤기에 그들도 우리의 아들이다."

오후 5시 반 경 이스탄불을 향하여 출발했다. 특히 에게비트에서 겔리볼루에 이르는 주행로는 다르다넬스 해협을 바짝 끼고 나

있어 짙푸른 해협의 정취를 청명한 하늘빛과 함께 맛볼 수 있었다. 건너편 아시아 쪽 대지가 더 가깝게 손짓하고 있다. 차에서 내려 아내와 함께 걸으면서, 멈추면서 풍광을 감상하려니 그지없이 삽상하고 흔쾌한 기운이 가슴 깊숙이 스며든다. 이 느긋함과 낭만과 한가로움이여! 여행의 멋과 품격이란 바로 이런 것이 아닌가 한다.

● 차낙칼레에서 겔리볼루에 이르는 주행로

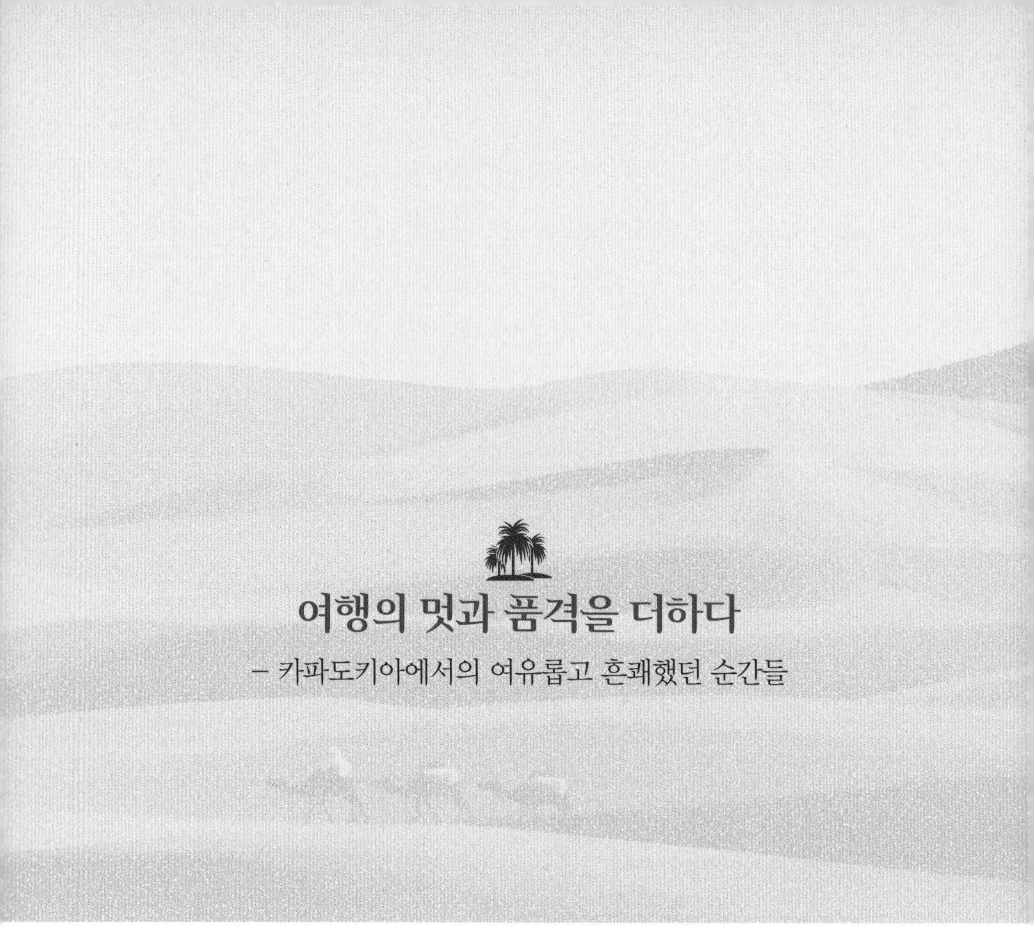

여행의 멋과 품격을 더하다

– 카파도키아에서의 여유롭고 흔쾌했던 순간들

터키 중부 아나톨리아에 위치한 신과 인간의 합작품, 카파도키아의 풍물을 찾는 여정이다. 이스탄불 아타튀르크 공항에서 아침 9시 50분 출발 예정이던 터키 항공이 40여 분 지연되는 바람에 11시 50분에 카파도키아 여행의 관문인 카이세르 공항에 착륙했다. 예약했던 호텔 송영(送迎) 리무진을 타고 1시간여를 달려 카파도키아 비경 지역 내의 우치히사르에 있는 카파도키아 케이브 리

● 카파도키아 케이브 리조트 스파 호텔(CCR)

조트 스파 호텔(CCR 호텔)에 도착했다. 호텔은 위치나 시설, 서비스 면에서 완벽했다. 동굴 호텔의 묘미가 가득 차 있고 밤에는 온돌식으로 바닥에 불을 넣어주기도 하였다. 과연 고품격의 여행이란 이런 것이 아닌가 느껴졌다. 지구를 떠

나 우주선을 타고 수십 광년 떨어진 행성에 들어온 듯한 착각이 든다. 주변을 볼 때마다 눈이 쉴 틈을 주지 않을 뿐만 아니라 혹시 외계인들이 보이지 않나 신경을 곤두세우게까지 한다.

체크인 후 호텔 바로 뒤편에 있는 우치히사르 성(Uçhisar Castle)에 걷거니 뛰거니 하면서 한달음에 올랐다. 히타이트 시대부터 천연 요새였고 비잔틴제국이 아랍 세력에 대항할 때도 요새로 쓰였던

● 괴레메 우치히사르 성

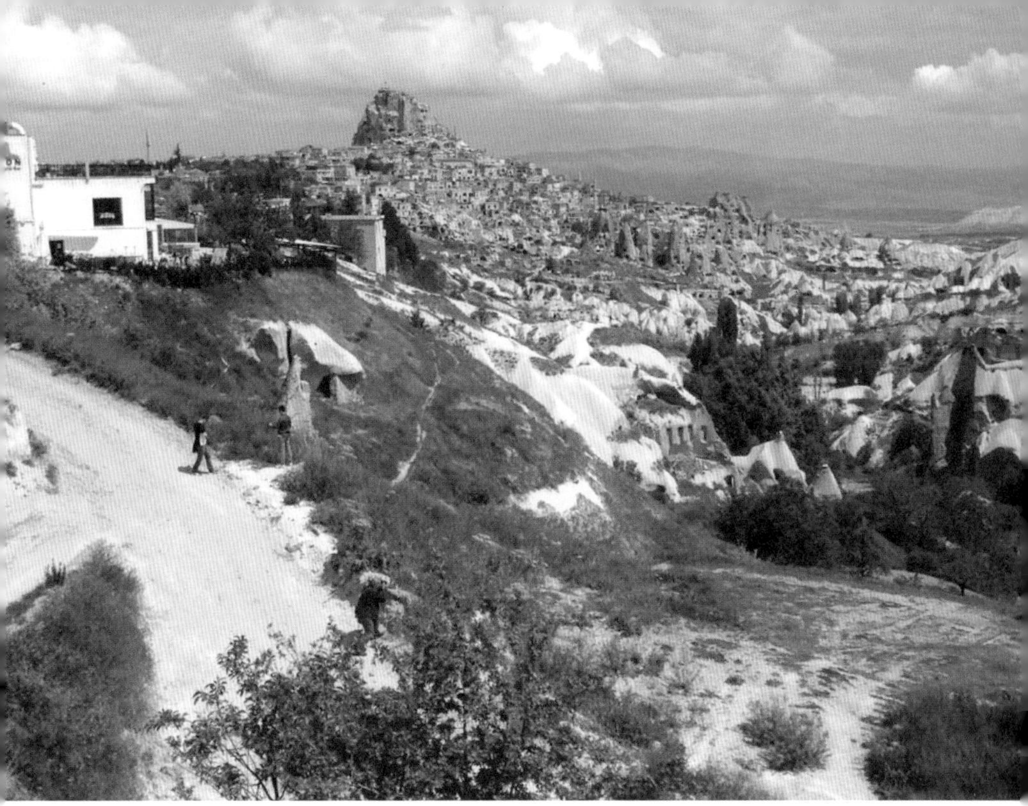

우치히사르 전경

곳이다. 우치히사르 성의 정상에 서니 카파도키아 전경이 사방으로 한눈에 펼쳐진다. 신의 기예를 뛰어넘는 자연의 조화 앞에 더 이상 무슨 말이 필요한가, 인간의 알량한 필력으로 어떻게 이 대자연의 조화로움을 묘사할 수 있단 말인가! 이쯤에서 풍광 묘사의 붓끝을 놓기로 한다. 붓을 던지고 나니 어쩐지 서러운 마음에 눈물이 앞을 가리면서 한바탕 울고 싶은 심정이 북받쳐 오른다. 갑자기 평소 즐겨 읊던 당시(唐詩)와 「열하일기」의 한 구절이 연상(聯想)작용으로 떠오른다.

전불견고인(前不見古人) 후불견래자(後不見來者)
염천지지유유(念天地之悠悠) 독창연이제하(獨愴然而涕下)
앞을 봐도 옛사람 보이지 않고
뒤를 돌아보아도 오는 사람 보이지 않네
천지의 아득함을 생각하니
홀로 서글퍼 눈물 떨구네

중국 당나라 초기의 시인이자 장수였던 진자앙(陳子昻)의 「유주대에 올라」라는 제목으로 장부의 웅지와 현실의 답답함을 토로하고 있는 명시(名詩)이다.

조선 후기의 천재 문장가 연암 박지원은 「열하일기」에서 탁 트인 천릿길 요동 벌을 바라보면서 그 감격을 한바탕 울만 하다고 극적으로 표현하고 있다.

"지금 요동 벌에서 산해관까지 1,200리길, 사방에는 모두 한 점의 산도 없이 하늘 끝과 땅끝은 마치 풀로 붙이고, 실로 꿰매놓은 것만 같아 옛날의 비, 지금의 구름이 오직 푸르고 푸를 뿐이니 한바탕 울어 봄 직하지 아니한가?"

마치 지금의 내 처지와 심정을 대변하고 있는 것 같아 나는 주변의 풍광도 잊은 채 벌써 이 구절을 몇 번째 되뇌고 있었다.

호텔 식당에서 바라보는 황혼녘에 검게 물들어가는 카파도키

우치히사르 성 정상에서 본 카파도키아 일부

아 전경, 마치 눈이 덮인 산과 골짜기처럼 변하는 모습이 또 다른 장관이었다. 호텔의 수준작인 저녁 식사를 하면서 아내와 나는 여행의 멋과 품격, 인생의 의의와 격조 등에 대하여 카파도키아 산 와인 잔을 기울이면서 담소하였다.

이튿날(2013. 5. 12) 새벽 4시 기상, 기구 비행선(Balloon flight)을 타기 위해서다. 4시 45분 호텔을 출발하여 기구 비행선 주선사인 「레인보우 Balloons」의 사무실에 집합하여 각자 탈 기구와 파일럿을 배정받고 5시 45분경 비행선 출발 현장에 도착했다. 비용은 1인당 150유로(22만원)로 싼 편은 아니다. 내가 탄 비행선은 20명

● 기구 비행선(Balloon flight)

이 승선하였고 5시 55분경 이륙했다. 파일럿은 스페인인 아르투르(ARTURO)로 멋진 외모에 능숙한 비행기술을 자랑하는 조종사다. 50여 개의 기구 비행선이 거의 비슷한 시간에 이륙하는 모습은 카파도키아의 장관 못지않게 또 다른 볼거리를 제공하고 있었다. 비행기구에서 본 카파도키아 일대는 일생 한번 보고 감탄하기에는 우리의 생이 너무 짧을 정도로 환희의 시간을 가져다주기에 충분했다. 이 장엄한 풍광을 유창하고 낭랑한 언어로 옷을 입힐 수만 있다면 좋으련만…

열기구 비행선에서 본 카파도키아 일대

날씨는 흐리고 쌀쌀했으나 그리 추운 날은 아니다. 바람이 좀 불지 않을까 염려했으나 기구가 하늘로 치솟으면서 잠잠해지고, 착륙해서도 사위(四圍)는 비교적 바람의 영향을 거의 받지 않고 있었다. 구름이 짙게 끼어 일출 장면을 보지 못한 아쉬움이 있었으나 주변 풍광의 수려함에 비추어 크게 실망할 일은 아니었다. 파일럿은 과연 베테랑답게 기구의 흔들림이 거의 없이 완벽하게 착륙했다. 다른 기구 중 상당수가 착륙 때 크게 요동치면서 탑승자들이 놀라는 장면을 목격할 수 있었다. 비행시간 45분 포함하여 착륙 후 간단한 칵테일 세레모니를 마치고 호텔에 당도하니 8시다.

조식 후 호텔에서 주선해 준 그룹투어에 참여했다. 점심 포함하여 6시간 30분간 진행되는 카파도키아 일대 유명 포인트를 들르는 일정이다. 10시 30분 호텔을 출발한 우리 팀(7)은 네덜란드인 모녀, 미국인, 인도인 각 젊은 부부, 그리고 우리 부부 등 8명으로 구성됐다. 카파도키아 절경을 가장 잘 볼 수 있는 곳에 설치된 파노라마 전망대 두 군데와 어제 호텔에서 산책 삼아 오른 우치히사르 캐슬을 어제와는 다른 방면에서 조망할 수 있는 포인트 등을 거쳐 괴레메(Göreme) 야외박물관에 당도했다. 날씨는 여행하기에 최적의 조건을 제공해주고 있다. 조망 포인트 중 하나인 아우클라르의 「오스만 집」에서 구운 땅콩과 호박씨 맛을 보았다. 직접 손으로 호박씨를 까서 먹는 즐거움, 오랜만에 잊었던 젊은 날

● 괴레메 국립공원의 장관

의 향수가 묻어 나온다. 괴레메 야외 박물관에는 많은 동굴 교회(암굴교회)와 그 안의 성화(프레스코화)가 있어 초기 기독교의 성지로 여겨지고 있다.

카파도키아는 실크로드의 교역 중심지인 관계로 기독교가 일찍 전파되었다. 특히 위대한 신학자 세 명의 고향으로 초대 기독교의 중요한 성지이기도 하다. 대 바실이라는 이름으로 알려진, 동방교회 수도원의 기초를 닦은 신학자 카이제르의 「바실」, 그의 동생이자 신비한 명상적 분위기를 띤 작품으로 유명한 니사의 「그레고리」, 그리고 이들의 친구로서 시인이자 웅변가인 나지안주스의 「그레고리」가 바로 그 주인공들이다.

동굴교회와 수도원이 가장 많은 곳이 괴레메다. 이곳에는 초기 비잔틴 시대부터 13세기 말까지 서로 다른 시기에 걸친 수많은 교회와 수도원이 있다. 벽화가 그려져 있는 곳은 오스만 제국 말기까지도 그리스 정교회의 교회로 사용되었다. 석회질의 바위를 파서 만든 교회는 단순한 형태를 갖추고 있다. 돔과 기둥이 있고 설교를 하는 엡스가 있으며 벽이나 천장에는 프레스코화로 된 성화가 그려져 있다. 괴레메 수도원 입구의 정면에 있는 「바위 속의 여자수도원(크를 킬리세)」을 시작으로 「성 바실교회」, 「엠마 킬리세 교회(사회 교회)」, 「성 바르바라교회」 등의 순서로 둘러보았다. 가이드의 설명보다도 암굴속 교회의 형태와 벽화가 더 생생한 당시의 상황과 종교적인 거룩함을 말해주고 있다.

점심식사를 하기 위하여 도자기와 카펫 마을로 유명한 아와노스(Avanos)로 갔다. 그림처럼 아름다운, 아담한 이 소도시 한가운데로 붉은 강이라는 뜻의 「크즐으르막」 강이 흐르고 있다. 이 강은 전장 1,355km로 터키 땅에서 발원하여 흑해로 흘러드는 강 중 가장 긴 강으로 이곳 아와노스는 그 상류 지역이다. 이곳의 흙은 붉은 빛깔을 띠고 있어 항아리를 빚는데 적당해서 도공들이 직접 운영하는 도자기 공방이 여러 군데 있다고 한다. 이곳이 바로 4000여 년 전 히타이트인들이 남긴 대표적인 유적지, 토기 항아리를 굽던 지역이다.

식사 장소는 시내 소파 호텔 옆에 있는 「Bizim EV」로 터키식 전통식당이다. 음식 맛이 일품이고 분위기 또한 산뜻하면서도 고급스러운 식당이었다. 우리 일행은 한 테이블에 앉아 주요리와 음료 등을 각자 취향대로 선택했다. 나는 생선구이를, 아내는 버섯 치즈 요리를 선택하고 음료는 로컬 레드와인을 시켰다. 분위기와 음식 맛이 어우러져 모두는 즐거운 한때를 보냈다. 젊은 미국 부인의 수다가 좀 시끄럽기는 했지만.

식사 후 아와노스 근교에 있는 도자기 공방인 「Venessa Seramik」에 들렀다. 이 도자기 공방은 아와노스에서도 가문의 전통을 이어온 유명한 공방으로 공방 주인 조카의 설명하에 직접 주인 도공 아저씨가 도자기 만드는 시범을 보여주었다. 4000여 년 전 히타이트 민족이 만들었던 대표적인 손잡이가 달린 호른

모양의 큰 와인(술)잔을 흙으로 빚어 완성하는데 5분도 채 안 걸린다. 능숙한 도공의 장인정신이 엿보였다. 수 대째 가문을 이어 도공에 종사한다는 아저씨와 함께 그가 흙 묻은 손을 추스르기 전에 인사하고 기념촬영을 했다. 나는 여행 중 사진을, 특히 특정인들과 어울리는 연출 사진을 거의 찍지 않는 편인데 이번은 내가 관심이 있는 옛 도자기 관련인 데다 장인정신이 우러나오는 도공 아저씨의 매력에 끌려 모처럼 한 컷 찍었다. 이어 옆방으로 옮겨 구운 도자기에 아름다운 채색을 하는 전문 화공들의 모습을 지켜봤다. 위층의 「Venessa Seramik Art Galleri」에는 터키 전통의 도자기와 타일 작품들이 전시 판매되고 있었다. 이곳 아와노스의 도자기뿐만 아니라 세계적으로 유명한 이즈닉 세라믹 도자기와 타일 작품이 화려하고 세련된 문양과 자태를 자랑하고 있다. 이즈닉 세라믹은 더 높은 가치 평가를 받고 있었다. 나는 아라비안 나이트의 왕의 행차를 담은 20cm×20cm의 평면 이즈닉 세라믹 작품 한 점을 기념으로 구입했다. 해외여행 중 내가 기념품을 산 것은 아주 드문 경우에 속한다. 내가 관심 있고 나름대로 연구하고 있는 도자기 분야이기 때문이었을 것이다. 내가 특히 탐구하고 있는 도자기 분야는 중국 도자기의 해외 수출 경로와 현지 도자기에 미친 영향이다.

도자기 공방에서 20여 분 거리에 있는 기암괴석의 열병식이 펄럭거리는 포인트에서 잠시 경관을 감상했다. 낙타, 뱀, 버섯, 손

수대째 가업을 이어온 도공아저씨

바닥 모양의 바위가 폼을 잡고 있는 가운데 뒤편에 있는 「나폴레옹 모자」 바위가 그럴듯하게 보인다. 참 기발한 작명이라는 생각이 든다. 이어 「파보비스」라는 카파도키아 기암괴석 열병식의 하이라이트라고 할 포인트를 마지막으로 찾았다. 카파도키아를 소개하는 방송 등 언론과 책자에서 단골 메뉴로 올라 있는 지점이다. 과연 명불허전이었다. 그러나 나는 이렇게 알려진 곳보다 무명인 채로 나름의 자태를 드러내는 장소와 지역을 더 좋아한다.

호텔에 돌아오니 오후 5시, 적당한 귀가(?) 시간이었다. 호텔 헬스클럽에서 러닝머신을 시작하려는데 밖에서 검은 구름이 몰려오더니 휘몰아치는 광풍과 함께 비가 퍼붓기 시작한다. 1시간가량 내리다가 저녁까지 이슬비가 이어지고 있다. 하루종일 그렇게 적당하게 맑고 개이기를 반복하면서 여행의 흥을 돋우던 날씨가 우리가 여행을 마치고 오자마자 변덕을 부리는 것을 보고 행운을 잡았다고 자평했다. 저녁 식사는 역시 호텔의 격조 높은 어제의 그 레스토랑에서 토속 맥주를 곁들여 느긋한 마음으로 들면서 카파도키아 여정의 뜻깊고 고이 간직하고 싶은, 다시 오지 않을 것 같은 시간을 만끽했다.

오스만제국의 숨겨진 힘, 그들은 어떻게 세계를 지배했나

– 호머의 고향, 이즈미르(Izmir)에서 팍스 오스마니아(Pax Osmania)를 논하다

트로이 전쟁을 읊은 호머(Homer)의 일리어드의 발자취를 따라 트로이를 탐사한 이상 그의 고향이 있는 이즈미르에 가지 않을 수 없었다. 이즈미르에 가는 길은 우회에 우회를 거듭했다. 그만큼 호머의 고향은 저 멀리서 나를 손짓하고 있었던 것이다. 카파도키아를 거쳐 숨을 고른 다음에도 나는 바로 이즈미르로 가지 못하고 이스탄불을 거쳐 비로소 이즈미르에 도착했다.

● 구름 한 가운데 모습을 드러낸 에르지에스 산

그 여정에서 나는 구름 위의 천상의 나라, 샹그릴라를 목도했다. 이른 아침 카파도키아에서 카이세리 공항으로 오는 길이었다. 해발 4,000여 미터의 카이세리를 굽어보는 근교의 눈 덮인 거대한 산봉우리들이 구름으로 사방을 띠로 두르게 하고 그 위에 우뚝 솟아 마치 하늘 한가운데 자신을 홀연히 드러내고 있는 듯했다. 저 구름 위가 바로 샹그릴라가 아니던가. 열락, 환희의 순간이 영원으로 이어지는 그런 세상이 존재하는 것이 아닌가 하는 생각이 든다. (나중에 이 산이 카이세르의 상징인「에르지에스」산이라는 걸 알았다)

에게해의 진주로 불리는 이즈미르! 터키에서 이스탄불, 앙카라에 이어 세 번째로 큰 도시이다. 비행기 내의 상공에서 본 그 산하는 우리의 산하와 어쩌면 그렇게 닮았는지 가벼운 흥분마저 든다. 공항에 내리니 호랑이 장가가는 빗방울이 햇빛을 등지고 간간이 뿌리더니 이내 거둬들인다. 개다 흐리다를 반복하는 날씨는 한국의 날씨와 기온 차가 거의 없음을 느끼게 해주고 있다. 이즈미르에서 버스로 5시간 거리에 있는 터키 중동부 지역인 아피온(Afyon)에서 사업체를 운영하고 있는 아뎀(Adem) 사장이 공항에 마중 나왔다. 그는 연세대 국제대학원에서 공학석사 학위를 취득하고 한국에서 5년을 산 30대 초반의 젊은이로 한국말을 꽤 잘하는 편이었다. 아피온에 있는 그의 공장에는 한국인 직원도 4명 있다고 한다. 바쁜 가운데 이곳 이즈미르까지 와 준 데 고마운 마음이 더 들었다.

● 숙소인 스위스 호텔 객실에서 바라 본 이즈미르 항구

숙소인 이즈미르 시내의 스위스 호텔의 객실에서는 에게해의 푸른 바다와 그 위를 미끄러져 가는 대, 소형 선박들이 정통으로 보였다. 오후 6시경 아뎀 군과 함께 이즈미르 시내의 전통시장 바자르를 둘러보았다. 시장은 정겹고 훈훈한 인심이 솟구치고 있었고 호객행위도 전혀 없다. 옛 우리의 장터 풍경을 떠오르게 한다. 그곳에 있는 무슬림 사원(모스크)에 가니 마침 예배 중이어서 나

도 경건한 마음으로 비록 짧은 시간이나마 직접 예배 기도에 참여했다.

저녁 식사는 이즈미르에서 사업체를 운영하는 웃프크 예르잔(Ufuk Yercan) 사장의 초청으로 그의 집에서 하게 되었다. 서울에서 Rainbow Int'l School을 운영하고 있는 사흘람 이사장이 주선한 것으로 이즈미르에 도착해서야 깜짝 소식으로 알게 되었다. 웃프크 사장은 Mechanical Engineer로서 스티로폼을 생산하는 기계

● 이즈미르 부둣가

를 만드는 회사인 EGE의 창업 파트너이자 주택건설 사업자이기도 하다. 그의 차량으로 아뎀 군과 함께 이즈미르시 외곽에 있는 그의 집에 저녁 7시 30분 경 도착했다.

에게해를 마주 보면서 별장식으로 넓게 꾸며진 200여 채의 집들이 띄엄띄엄 늘어서 있는 것이 마치 농촌의 어느 훈훈한 마을에 온 것처럼 느껴진다. 주변에는 새 소리와 개구리, 오리 소리 등이 어우러져 숲속의 교향악을 연주하고 있었다. 이 주택들 모두 웃프크 사장이 건축하여 분양했고 자신도 이곳 한 채에서 살고 있다고 한다.

그의 아내를 비롯한 가족들이 반가이 맞아주었다. 그의 아내는 이즈미르에 있는 GEDIZ대학교 경제경영학부 교수라고 한다. 지적으로 보이는 미인형이었다. 이들 부부는 딸만 셋으로서 큰딸은 현재 런던에서 공부 중이라고 하고 둘째, 셋째는 인사를 시켰다. 집안은 비교적 소박하면서도 아기자기하게 꾸며져 있다. 아내는 먼저 거실에 TV가 없는 것이 눈에 띄었는지 묻는다. 음식이 준비되는 동안 웃프크씨는 형제의 나라에서 온 귀빈을 초대하게 되어 기쁘다면서 대화의 물꼬를 텄다. 터키 사람들은 오스만 시대 아니 그 이전부터 남에게 베풀기를 좋아하고 특히 어려운 처지에 있는 사람들을 적극적으로 돕는 것을 전통으로 간직하고 있다고 하면서 한국의 Rainbow Int'l School과 같이 세계 각국에서의 교육사업을 위한 일에 자신도 직접 관여하고 있으며 현재 140여 국가에서 이러한 사업을 하고 있다고 한다.

● 웃프크 사장 부부와

터키인의 정의(Justice), 공존, 화합의 정신은 바로 오스만 제국의 정신으로부터 왔다고 강조한다. 내가 평소 관심을 가지고 있던 오스만 제국의 다양성과 관용의 정신을 언급하는 부분에서 나는 흥미의 도를 넘어 그와의 대화에 몰입했다. 오스만 제국은 점령지 내지 통치지역의 주민들을 동등하게 대우하고, 자존심을 상하지 않는 방식으로 그들의 기아와 빈곤을 다독여 주었다고 한다. 일례로 18세기 영국이 인접국인 아일랜드 기근 때 같은 인종이면서도 그들을 핍박하고 학살할 때 오스만 제국은 아일랜드 인들에게 식량을 제공했다는 사실을 들었다. 그러면서 현재의 중동 아랍지역의 분쟁은 오스만 제국 시절에는 없었다면서 오스만 제국이 해체되고 서양의 반식민지화가 촉진되면서 오늘날까지 분쟁과 불안의 상태가 이어지고 있다는 것이다. 미국의 학자들이 이 점을 연구하면서 중동 분쟁의 해결을 위해서는 오스만 제국의 정신적 부활이 요청된다는 말을 하고 있다는 지적도 했다.

나는 그의 의견에 전적으로 공감을 표시하면서 내가 생각하고 있던 오스만 제국의 관용성과 포용력, 그리고 그에 바탕한 팍스 오스마니아에 대해서 얘기했다.

제국의 관용성(다양성)에 바탕한 팍스 오스마니아(Pax Osmania) - 오스만 제국에 의한 평화

서구인이나 우리는 흔히 오스만 제국을 오스만 튀르크 내지 오스만 튀르크 제국이라고 부른다. 그러나 터키인들은 그들의 과거 제국을 결코 오스만 튀르크라고 부르지 않는다. 오스만 제국은 단지 튀르크인들 만의 나라가 아니라 다양성과 공존, 관용의 정신이 살아있는 국제성을 띤 제국이었기 때문이다.

1299년 오스만 부족장에 의해서 아나톨리아 반도의 부르사에서 건국된 오스만 제국은 셀주크 튀르크의 유산을 흡수하면서 성장을 거듭하다가 1402년 앙카라 근처에서 티무르군에게 패배함으로써 국가 존망의 위기에 처한 때도 있었다. 그러나 이를 슬기롭게 극복한 오스만 제국은 드디어 메흐멧 2세 때인 1453년 비잔틴 제국의 수도인 콘스탄티노플을 함락시킴으로써 1000년간 이어오던 동 로마 제국을 멸망시키고 세계사의 주 무대에 등장하게 되었다. 학계에서는 콘스탄티노플이 함락되던 1453년을 유럽의 중세가 막을 내리고 근세가 시작된 해로 여기고 있다. 그만큼 비잔틴 제국의 멸망은 세계사적 의의, 즉 서구중심의 기독교 문명에 큰 타격을 준 사건이었다.

셀주크 튀르크 제국과 티무르 제국을 사실상 계승했던 튀르크 이슬람 국가인 오스만 제국은 1923년, 그 정신을 이어받은 현 터키 공화국에 의해서 멸망할 때까지 600년 넘게 존속하면서 세계사에 큰 족적을 남겼다. 특히 전성기인 15세기 중엽부터 16세기 후반까지 약 120여 년간 아시아, 아프리카, 유럽의 3대륙에 걸쳐 대제국을 건설함으로써 알렉산더 제국, 로마 제국, 몽골 제국, 대영 제국에 버금가는 세계사의 주역을 담당했다.

제국 정신의 핵심은 다양성과 관용성(포용성)에 있다. 그 정신이 쇠퇴할 때 제국은 멸망한다. 알렉산더 제국, 로마 제국, 몽골 제국이 그랬다. 오스만 제국은 종교, 민족 간에서의 관용성과 다양성이 최근세 사회에 이르기까지 인정된 대표적인, 아니 유일한 제국이라고 나는 보고 싶다. 오스만 제국은 피지배자들을 크게 압박하지 않고 통치해 왔다. 특히 이교도인 유대인(유대교), 기독교, 그리스 동방정교, 아르메니아 정교 등에 대한 이슬람의 관용 원칙은 간혹 예외가 있긴 했지만 일관되게 지켜져 왔다. 오스만 제국의 관용정신은 그 역사 대부분의 과정에서 오늘의 세계에 이르기까지 「다종교, 다민족 정치 체제」의 모범을 보여줬다고 평가하고 싶다.

현재 세계의 화약고로 불리는 중동지역은 500년 넘게 오스만 제국의 지배하에 있었다. 팍스 오스마니아 시대에는 얼마간의 작은 충돌이 있었는지도 모르겠지만 이민족, 이종교 또는 타종파간의 심각한 분쟁은 거의 일어나지 않았다. 다양한 종교를 가진 집단이 그곳에서 평화롭게 생활했었다. 적어도 1차 대전까지는 중동의 이슬람 사회는 오스만 제국에 의한 소수민족의 지위 인정과 다원주의적 공존에 익숙해 있었다. 2000여 년간 아랍인과 유대인이 상대의 문화를 존중하면서 팔레스타인 지역에서 함께 공존해온 사실이 이를 잘 말해준다. 그러나 1차 세계대전의 패전으로 오스만 제국이 무너지자 순식간에 중동지역은 혼란에 빠져들었고 그 혼미는 오늘날까지 이어지고 있다. 새삼 오스만 제국의 종교, 민족에 대한 관용성이 느껴진다.

또 하나의 유럽의 화약고인 발칸반도로 눈을 돌려 보자. 19세기 말부터 오스만 제국의 쇠락으로 유럽지역(발칸반도)에 있는 오스만 제국의 영토를 누가 차지할 것인가를 둘러싸고(이른바 동방문제) 팽창적인 유럽 역강들 사이에 국제적인 불안정 상태가 야기되었다. 결국 이 동방문제의 해결이 실패하자 곧바로 제1차 세계대전이 촉

발되었다. 유럽의 화약고인 발칸반도의 문제는 현재도 코소보 사태, 세르비아계에 의한 인종청소 등의 문제로 오늘날까지 그 명암을 길게 드리우고 있다. 이 역시 관용성과 다양성을 존중한 오스만의 지배, 즉 팍스 오스마니아가 돋보였음을 보여주는 예이다.

미국의 학자들 사이에서 오늘날 꼬이고 꼬인 중동문제의 해결을 위해서는 오스만 제국의 정신적 부활이 요청되어진다는 주장은 바로 이런 연유에서 나오고 있는 것이다. 나는 중동지역뿐만 아니라 유럽 발칸반도 지역 역시 팍스 오스마니아의 정신으로 되돌아가는 것이 궁극적 해결책이라고 본다. 아니 현재 전세계의 인종, 종교간의 갈등을 둘러싼 끊임없는 분쟁의 불씨를 누그러뜨리는 데에도 팍스 오스마니아의 정신이 필요하다고 할 것이다.

"오스만 제국을 연구하고 그에 세계사적 의미를 부여하는 중요한 이유는 바로 오스만 제국이 거의 대부분의 기간에 걸쳐 보여준 관용적인 통치의 모범 때문이다" 미국 뉴욕 빙엄턴 대학의 도널드 쿼터트 교수의 말이다.(그의 저서「오스만 제국사」서문)

웃프크씨 역시 내 말에 크게 공감하면서 자신의 선조는 발칸반도의 마케도니아에서 살았다고 했다. 그러면서 터키가 가진 역사적 유산, 특히 오스만 제국의 유산인 관용과 정의, 평등과 공존의 정신을 바탕으로 터키는 계속 전진하면서 세계사의 무대에 나서야 할 것을 다시 지적한다. 이러한 정신과 자신감으로 터키의 경제도 활력과 성장, 발전이 계속되고(up되고) 있다고 했다. 이는 사실이었다. 내가 터키에 와서 열흘정도 겪은 결과 터키 사회가 활력과 역동성이 넘치고 있음을 알 수 있었다. 나는 터키가 오스만 제국의 관용성과 포용성, 공존의 정신을 바탕으로 세계사의 무대에 우뚝 서기를 바란다면서 식사 전 환담을 마쳤다.

식사는 터키 전통식단이었다. 정갈하고 맛깔스럽게 차려나온 음식에 정담을 곁들이면서 맛있게 들었다. 식후 진한 터키 커피의 맛을 보면서 디저트를 먹었다. 웃프크씨 부부는 우리에게 터키 전통 도자기로 된 사물함을 선물로 주었다. 나도 미리 알았더라면 서울에서 우리 고유의 것을 선물로 준비할 것을 하면서 아쉬워했다. 대신 호텔에서 케이크를 사간 것으로 만족할 수밖에 없었다. 흐뭇한 분위기 속에 많은 후속 대화가 오가는 가운데 내일을 위하여 밤 11시 경 아쉬운 마음으로 그의 집을 나섰다. 웃프크씨가 직접 차를 몰고 우리를 호텔까지 태워다 주었다. 거듭 고마운 마음을 전했다.

이튿날 아침 9시 그는 다시 호텔로 우리를 픽업하러 왔다. 오늘 에페소 관람을 하기 전에 먼저 그의 회사를 방문하여 현황을 살펴보기 위해서였다. 이즈미르 시내에서 30분 거리에 있는 그의 공장과 사무실은 조용하고 쾌적한 농촌 지역에 위치해 공장이라는 선입견이 무색하였다. 스티로폼 생산 기계를 만드는 과정과 예술적 디자인의 스티로폼 재생과정을 보았다. 특히 스티로폼 재생 기계는 터키에서 최초로 그의 공장에서 제작 중이라고 했다. 흔히 포장용으로만 알고 있는 스티로폼이 다양하게 색상을 가미하면서 디자인 장식용으로 제작 판매되고 있음을 알게 되는 기회이기도 하였다. 그의 사무실에서 간단한 티타임을 가진 후 기념 촬영을 했다. 내가 온다는 것에 대비해 국기게양대에 태극기를 다는 배려도 잊지 않았다. 이어 10시 30분(2013. 5. 13) 그가 제공한 봉고형 차량으로 에페소를 향하여 출발했다.

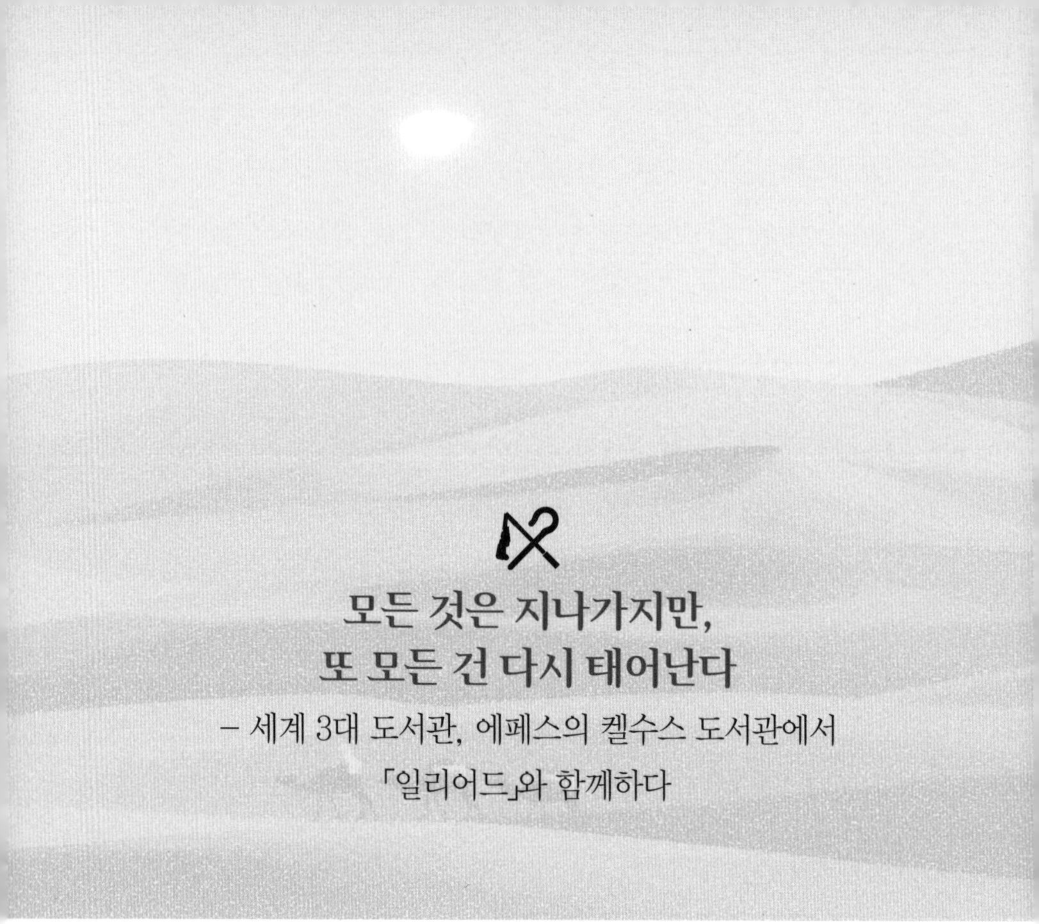

모든 것은 지나가지만, 또 모든 건 다시 태어난다

– 세계 3대 도서관, 에페스의 켈수스 도서관에서 「일리어드」와 함께하다

터키에서 가장 살기 좋은 도시이자 미인이 많기로 소문난 이즈미르, 지난 수백년간 역동적인 에게해를 대표하는 도시로 성경에는 '서머나'로 나오고 있다. 초기 기독교시대 사도 요한의 제자인 성 폴리캅이 활동한 도시이다. 요한계시록에는 사도 요한이 폴리캅에게 주는 말이 기록되어있다. 그 이즈미르에서 차로 50분거리의 아나톨리아반도 서쪽에 에페스(Efes, 에페수스)가 자리하고 있다.

이미 기원전 2천년 경부터 역사에 이름을 올린 자연과 문명이 어우려진 천국이었다. 고대 이오니아와 그리스 로마 세계의 예술과 과학, 학문이 꽃을 피웠던 곳이다.

이즈미르 외곽에 있는 웃프크 사장의 공장사무실을 출발하여 셀축을 경유 11시 경 에페스에 도착했다. 에페스 유적지 시내 산책에 나섰다. 구름이 간간히 흘러가고 신선한 내음이 시내의 양옆 산에서 불어와 더 없이 산책하기 좋은 때이다. 많은 산책객(관광객)들로 붐벼 마치 에페스 전성시대에 시민들로 북적거리는 모습이 이것이 아닌가 하는 생각이 든다. 그 사이로 철학자 헤라클레이토스의 모습도 보이는 듯하다. 에페스는 헤라클레이토스의 조상이 건설하였다고 전해진다. 그는 기원전 7세기 말에 이곳 에페스에서 태어났다.

"태양은 매일 아침 새로우며, 언제나 움직인다.", "같은 강물에 두 번 들어갈 수 없다." 삶과 죽음은 영원히 돌고 돈다는 그의 만물유전론의 핵심이다. 파피루스에 남겨진 그의 철학은 한구절 한구절이 시와 같다. 하지만 그 속에는 "삶이란 장난치는 어린아이와 같다.", "인간은 어둠속에서 빛을 만진다."는 말처럼 그 뜻을 알 듯도 모를 듯도 한 야릇하고 신비로운 구절로 가득 차있다. 그가 죽음을 앞두고 자신의 저서를 바쳤던 아르테미스의 신전은 폐허가 되었지만 불을 토하며 바닷속으로 잠기는 태양만은 2500년 전이나 지금이나 똑같지 않는가! 모든 건 지나가 버리지만 또 모

● 고대 도시 에페스 시내 입구

● 에페스 시내. 멀리 켈수스 도서관이 보인다.

든 건 다시 태어난다는 그가 설파한 철리(哲理)가 나그네의 발걸음을 멈추려한다.

북쪽 입구에서 가장 먼저 만나는 아르카디안 거리를 필두로 반(半)폐허가 된 에페스 시내를 이곳 출신가이드의 설명을 곁들여 준비한 자료집과 대조하면서 걸었다. 이윽고 이번 여행목적지 중의 하나인 켈수스 도서관 앞에 이르렀다. 비록 정면의 벽만 남아 있지만 그것만으로도 그 웅장한 모습을 떠올리기에 충분했다. 켈수스 도서관은 알렉산드리아 도서관, 페르가몬 도서관에 이어 고대 세계의 3대 도서관이었다. 그 전성기에 장서 12,000여권을 소장하면서 에페스의 학문과 문화의 전당으로 역할을 했던 이 도서관은 로마의 아시아 집정관이었던 켈수스가 죽은 후 그의 아들이 아버지의 묘위에 세운 기념물이다. 도서관 정면에는 각각 지혜, 운명, 학문, 미덕의 4가지를 상징하는 여성의 동상이 조각되어 있다. 물론 이것들은 모조품이고 진품은 비엔나 박물관에 소장되어 있다. 나는 도서관 옆 그늘진 돌의자에 앉아 가지고 간 호머의 일리어드를 꺼내들었다. 로마제국시대의 이 도서관의 장서 중에는 「일리어드」, 「오딧세이」가 있었을 것이고 아마 가장 많이 읽히고 대출되기도 했던 도서목록이었을 것이다. 일리어드 1권 「아킬레스우스의 분노」 첫 페이지를 펼쳤다.

"노래하라 노여움을, 시의 여신이여, 펠레우스 아들 아킬레우

● 켈수스 도서관 앞에서

스의 그 저주스러운 노여움이야말로 아카이아군을 수없이 괴롭혔으며 많은 용맹스러운 전사를 저승으로 보냈다. 그리고 그들의 주검은 들개와 사나운 새들의 밥이 되었다."

아리스토텔레스와 그 제자인 알렉산더는 「일리어드」를 함께 읽으면서 위대한 전사들의 쾌거에서 배울 것을 찾았다. 아리스토텔레스는 제자에게 말한다. "지휘하고자 한다면 우선 정신이 위대하고 기품을 갖추어야 합니다." 알렉산더대왕이 동방원정 때 늘 침소에 두었던 책이 「일리어드」였다.

이즈미르가 고향이었던 호머는 일리어드를 구술할 때(그는 맹인으로 그의 작품들은 모두 그가 구술한 것을 적은 것임) 이곳에서 말해지던 그리스어의 사투리로 얘기하였다. 따라서 호머의 일리어드나 오딧세이는 최초로 고대 그리스어로 기록된 작품이기도 하지만 그리스 표준어가 아닌 방언으로 되어 있다고 한다.

2시간에 걸친 에페스 산책을 마치고 한참을 차를 달려 근처 산(브루브루산) 중턱에 있는 성모마리아의 집에 당도했다. 그곳에서 에페스 시내를 보니 과연 요새답게 장소와 건물들이 배치되어 있음을 실감할 수 있었다. 당시에는 저 아래 매표소 입구까지 바다였다는 점을 염두에 두고 생각해야 제대로 그 지정학적 중요성을 깨달을 수 있다.

이곳은 성모마리아가 마지막으로 살았던 곳으로 추정돼 오다가 1967년 교황 요한 바오로 2세가 직접 이곳을 방문한 데 이어 1979년에는 교황 요한 바오로 6세가 다시 찾아 마리아의 최후의 집으로 선포함으로써 논란을 중지시켰다. 기독교뿐만 아니라 무슬림들에게도 성지순례의 필수 코스이기도 하던 에페스는 사도 요한과 사도 바울이 전도에 일생을 바치면서 생을 마감했던 곳이다. 그만큼 초기 기독교와 밀접한 관련이 있다.

점심은 신선한 생선구이를 먹고 싶었다. 하여 에페스에서 20여 분 달려 쿠샤다스의 항구에 닿았다. 쿠샤다스 항구 부둣가 식당에서 에게해에서 막 잡아 올린 대구와 도미 비슷한 생선 두 마리를 직접 골라 그릴로 구워 달라고 주문했다. 전채로 나온 샐러드와 오일에 튀긴 잔새우, 치즈에 말린 빨간 고추를 얹은 요리, 그리고 토스트 빵 맛이 모두 일품이었다. 고추는 무척 매웠으나 치즈를 발라 먹으니 매운맛이 중화되었다. 그릴에 구워낸 생선이 보기에도 푸짐하고 먹음직스러웠다. 맛을 보니 과연 제대로 굽고 잘 요리된 상태였다. 비린내가 나지 않고 생선의 질과 씹히는 맛이 지금까지 먹어본 생선구이나 찜 요리 중 최고였다. 이미 빵과 전채 등으로 전식이 있어 다 못 먹을 줄 알았으나 생선의 신선한 맛에 이끌려 거의 접시를 비웠다. 음식 맛을 보는데 일가견을 가진 아내의 품평 역시 나와 다름없었다. 싱싱한 생선을 그대로 적당히 굽고 조리하면 냄새가 전혀 없다는 것을 새삼 느꼈다.

나는 자칭 식도락가다. 좋은 음식, 맛있는 음식이나 분위기 좋은 식당이 있으면 시간과 발품을 팔아서라도 기어이 찾아간다. 특히 해외여행 시 그 지방에서 소문난 곳이나 특유의 전통식당은 반드시 들른다. 그리고 현지인들이 가장 즐기는 메뉴를 주문한다. 가서 실망하는 때도 종종 있지만 대부분 깊은 인상을 심어 주면서 여행의 품격을 더해줬다. 역시 음식의 맛은 그 음식의 질과 분위기, 특히 식당의 품격과 전통 등의 요소를 망라하여 평가를 내려야 한다. 식도락가인 나에게도 만족을 안겨줄 정도로 내 입맛을 사로잡은 생선구이 점심이었다. 식당의 이름은 「DAMLA」로 쿠샤다스 항구의 대형 크루즈 유람선 정박대 바로 앞에 위치해

● 맛이 일품인 DAMLA 식당

● 쿠샤다스 항구 식당(DAMLA)의 생선 요리. 맛이 일품이다.

있어 에게해의 출렁이는 파도를 감상하면서 미각을 즐길 수 있는 식당이었다. 서비스를 하는 멋지게 생긴 아저씨의 매너도 마음에 들었다. 값이 좀 비싼 편이기도 했지만(4인 식사 비용 256 터키 리라, 약 18만 원 정도) 아깝지 않았다.

식사 후 가뿐한 마음으로 쿠샤다스 시내 거리 산책에 나섰다. 새들의 섬이라는 어원을 지닌 쿠샤다스는 터키 에게해 연안의 손꼽히는 리조트 지역으로 에페스 유적이 가까워 대형 크루즈선이 정박하는 곳이다. 유럽인들의 휴양지로 널리 알려져 있으며 우리가 식사한 시간에도 대형 크루즈선 두 척이 대형건물을 옮겨 놓은 자세로 선체를 항구에 드리우고 있었다. 풍광이 아름답고 적당한 기온에 산책하기에 더없이 좋은 분위기였다.

오후 4시경 아르테미스 신전에 도착했다. 고대 세계의 7대 불가사의 중의 하나로 7번 파괴되고 7번 재건되었으나 기원후 125년 고트족의 침공으로 파괴된 이래 더 이상 복원되지 않고 폐허가 되었다. 현재는 1개의 원기둥(높이 19m)만이 과거의 웅장한 신전의 모습을 일부나마 증언해주고 있다. 원기둥 꼭대기에 황새 한 쌍이 둥지를 틀고 앉아 날갯짓하면서 자신들이 신전의 주인임을 사람들에게 인식시키려 하고 있다.

이어 아르테미스 신전에서 30여 분 차를 달려 시린제(Sirince) 마을을 찾았다. 그리스인이 오래전에 정착한 마을이었으나 그리스와 터키와의 전쟁 후에 주민 교환이 이루어져 현재는 테살로니

● 고대 세계 7대 불가사의의 하나였던 아르테미스 신전의 황량한 자태

카에 살던 터키인들이 거주하고 있다. 아름다운 마을이란 지명에 걸맞게 아담하고 예쁜 작은 마을이다. 두 개의 오래된 교회가 있어 역사적 유적지의 의미도 있지만, 마을 풍광이 더 마음을 끄는 듯하다. 상점가를 지나 마을 골목길을 걷다가 시간이 없어 발길을 돌리려는데 갑자기 소나기가 내리쳐 황급히 차량으로 돌아왔다. 비록 짧은 머무름이었으나 기억은 강렬하게 남아 있을 것이다.

해거름에 이즈미르에서 이틀 동안 우리를 수행했던 아뎀 군과 헤어졌다. 시간에 쫓기는 그의 모습에서 더 우리에게 시간을 할애하는 것이 미안하기도 했다. 이즈미르를 떠날 때 까지 함께 하

시린제 마을의 골목길

겠다는 아뎀군의 호의가 더없이 고마웠으나 나의 거듭된 요구로 오늘 일정으로 마치기로 했다. 나는 작년에 내가 펴낸「책, 인생을 사로잡다」를 그에게 고마움의 표시로 주면서 서울에서 다시 만날 것을 기약했다. 호텔 헬스클럽에서 1시간가량 걷기 운동을 하고 나니 밤 8시가 다 된다. 아내가 준비해간 콩, 멸치, 김치 등으로 간단히 저녁 식사를 때우고 여유로운 발걸음으로 이즈미르 밤거리 산책에 나섰다.

이즈미르는 나를 고무시켜준 정다운 고장이었다. 여유로운 사람들, 낯익은 듯한 거리의 풍경들, 적당한 분주함을 느끼게 해주는 인간 냄새의 분위기, 거기에 살갑게 속삭이듯 짙푸른 해변과 이에 짝을 맞추는 날씨까지, 다시 찾을 날이 언제일지 인연이 닿으면, 아니 인연이 다하더라도 다시 오게 될 테지.

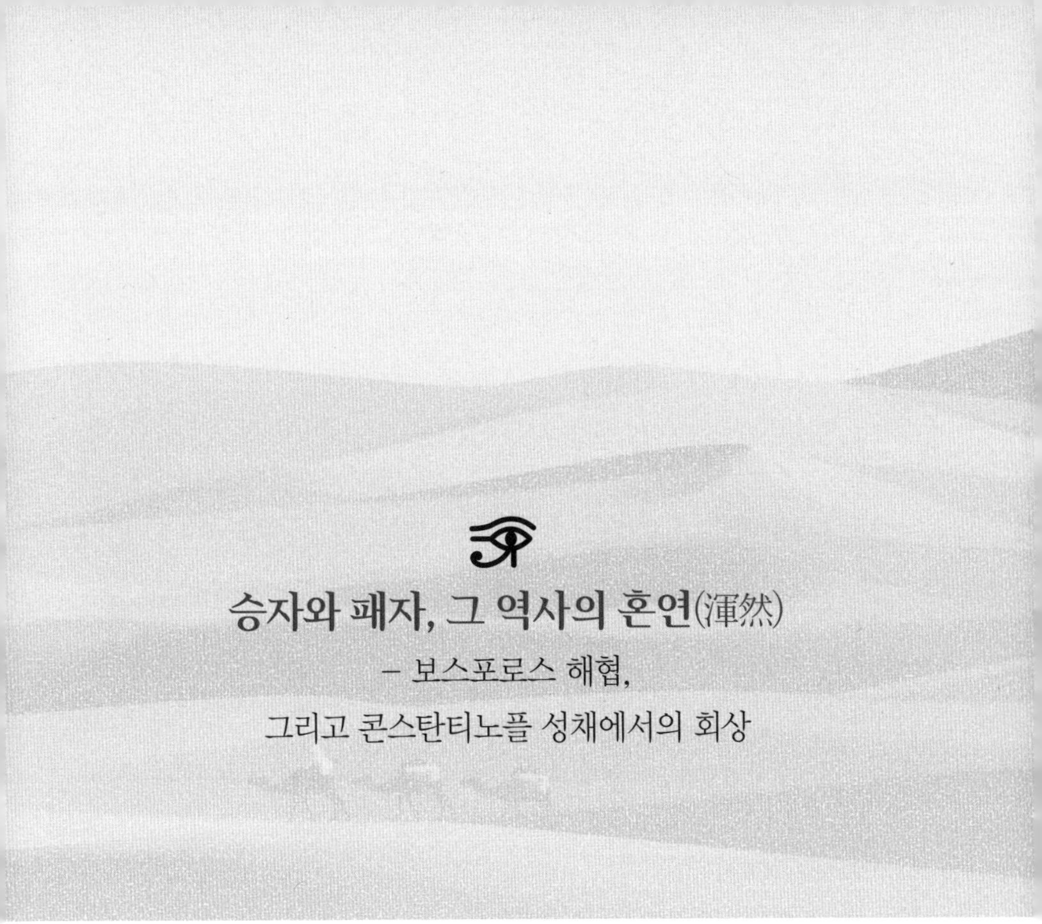

승자와 패자, 그 역사의 혼연(渾然)

– 보스포로스 해협, 그리고 콘스탄티노플 성채에서의 회상

이스탄불 탁심 신시가지 보스포로스 해협에 위치한 그랜드 하얏트 호텔 849호실. 석양의 햇살을 받아 해협 건너편의 아시아 쪽 풍광이 눈부시게 푸르고 가슴 시리도록 아련한 정경이 펼쳐지는 이곳, 이 시간 나는 홈초롬히 상념에 젖어 있다. 간밤에는 기슭을 치는 파도 소리에 밤을 뒤척이면서 어떻게 사는 것이 본래의 삶인지 또 죽음은 우리에게 어떤 의미를 지니는 것인지, 생각

● 숙소인 이스탄불 그랜드 하얏트 호텔 849호실에서 본 보스포로스 해협

의 실타래를 풀었다 감았다 했다. “인간은 누구나 한번 죽는다. 그러나 어떤 죽음은 태산보다도 무겁고 어떤 죽음은 새털보다도 가볍다. 그것은 죽음을 이용하는 방법이 다르기 때문이다.” 궁형(거세형)의 치욕을 감내하면서 위대한 역사서인 「사기(史記)」를 남긴 사마천의 생사관이다. 결국 어떤 삶을 영위했느냐가 죽음의 의미를 결정한다는 것이리라.

이즈미르에서 다시 이스탄불로 온 지 이틀째다. 어제(2013. 5. 14)

오후 호텔에 체크인한 후 곧바로 보스포로스 해협 석양 크루즈에 나섰다. 날씨는 본격적인 늦봄 시절로 접어들어 4일 전 떠날 때보다 더웠다. 이스탄불에서 「서울에너지」를 운영하는 차아르 사장이 부인과 함께 호텔로 우리를 픽업하러 왔다. 차아르씨는 앙카라 대학을 졸업하고 서울대 대학원에서 경제학석사를 한 덕에 친한파가 되어 있었다. 한국이 좋고 다시 가고 싶다고 몇 번이나 말을 한다. 돌마바흐체 궁전 부근 선착장에 가니 터키의 국제 문화교육지원시스템(PASIAD)의 사무총장인 Ersin씨가 배(요트)를 준비해놓고 기다리고 있었다. 충남대학교에서 유학했다는 오마루 군이 동석하여 통역 겸 분위기 메이커 역할을 하였다. 해 질 무렵 2시간의 보스포로스 해협 크루즈가 시작되었다. 석양의 보스포로스 해협은 아름답다 못해 질투가 서릴 만큼 빼어난 몸매를 자랑하는 여인의 모습이었다. 천상의 속삭임을 느끼는 매력적인 항구의 노을과 낙조가 가슴을 저리게 한다. 나는 이른바 세계 3대 미항으로 들고 있는 시드니, 나폴리, 리우 모두 가봤지만, 소문만큼 그다지 아름다움을 느끼지 못했다. 나더러 세계 제일의 미항(美港)을 들라면 주저 없이 이스탄불을 꼽을 것이다. 내가 이 말을 했더니 터키 친구들이 좋아라 한다.

Ersin 씨는 우리에게 보스포로스 양안의 명승 포인트와 그 유래를 차분하면서도 자세히 설명해 주었다. 이윽고 저녁 식사가 선상에서 준비되었다. 귀한 생선요리였다. 보스포로스 해협의 요

● 아시아와 유럽을 잇는 보스포로스 대교

트 위에서 석양의 노을을 바라보며 드는 만찬은 음식 맛은 물론이거니와 사람들 사이의 훈훈한 정이 분위기를 압도한다. 2013년 5월 15일 오늘은 우리 부부가 인연을 맺은 지 30주년이 되는 날이다. 이러한 사실을 얘기했더니 이 터키 친구들은 깜짝 이벤트를 준비한다. 조그만 케이크에 30개의 예쁜 촛불을 붙여 내놓으면서 축하의 간단한 세레모니를 펼친다. 우리 부부는 오늘 이 순간을 평생 기억할 것이라면서 거듭 고마운 정을 표출했다. 한국도 아닌, 내가 가장 아름다운 항구로 손꼽던 이스탄불, 석양의 보

● 터키 친구들이 보스포로스 석양 크루즈에서 마련해 준 결혼 30주년 파티

스포로스 해협의 선상에서 맞는, 그것도 처음 만난 터키 친구들로부터(물론 이들은 서울에 있는 터키 선배, 지인들을 통해서 미리 얘기를 들었을 것이지만) 결혼 30주년 기념 이벤트를 선사 받은 것은 우리 부부에게 깊은 감동을 주기에 모자람이 없었다. 고마운 친구들이고 터키에 대한 나의 관심과 사랑을 고무시켜 주는 계기가 될 것이다.

2시간여에 걸친 요트 유람을 마치고 차아르씨는 우리를 호텔까지 태워다 주면서 내일 저녁 시간이 괜찮다면 자기 집으로 초대하겠다고 말한다. 나는 정중히 다음 기회를 약속하면서 고맙다

● 톱카프 사라이에서 본 보스포로스 해협 하구

는 말로 대신했다. 아까 배 안에서 Ersin 총장도 자기 집으로의 초청 의사를 밝힌 바 있었으나 다음 기회로 미루었다. 터키인의 가정집 초대는 이즈미르에서의 경험으로 충분하다고 생각한다.

오늘 오전 6년 전에 왔을 때 두 차례 찾아 식사하고 차를 들었던 보스포로스 해협에 면한 톱카프 사라이 안의 그 식당을 다시 찾았다. 많은 사람들로 붐비고 분위기가 어수선하여 잠시 해협의 장관을 바라보다가 표표히 발길을 돌렸지만, 그 수려하고 애틋한 해협의 정경만은 변하지 않았고 더 진하게 가슴에 새겨지고 있었다.

톱카프 사라이를 나와 아야소피아 앞을 거쳐 갈라타 다리 쪽으로 발걸음을 돌린다. 햇살이 좀 따갑기는 했지만 걷기에는 괜찮은 날씨다. 갈라타 다리 식당에서 고등어 샌드위치와 케밥을 시켜 맥주 한잔을 곁들여 들었으나 6년 전 맛보았던 그 맛은 아니었다. 그러려니 하면서 갈라타 다리를 건너 탁심 시가지 쪽으로 다시 발길을 돌렸다. 탁심 못 미쳐 골목 계단을 한참 올라가니 바로 갈라타 탑 앞에 이른 것이 아닌가. 목표를 정하고 온 것이 아닌지라 반가운 마음에 탑위에 올랐다. 탑은 67m이지만 엘리베이터와 나선형 계단을 활용하여 53m 높이의 360° 회전의 전망대까지 올라갈 수 있다. 이스탄불 시내와 보스포로스 해협의 전경이 훤하게 눈에 들어온다. 비로소 골든혼의 모습이 확연하게 정리되면서 1453년 콘스탄티노플이 함락될 당시 메흐멧 2세가 썼던 배를 산으로 올리는 전술의 형태가 이해되었다. 그는 바로 이 갈라타 언덕을 넘어 하룻밤 사이에 72척의 배를 보스포로스 해협에서 골든혼 쪽으로 옮김으로써 세계사를 바꿨다.

● 갈라타 탑에서 본 이스탄불 시내

● 탁심 거리

원래 갈라타 탑은 6세기 초 등대로 만들어졌던 것을 14세기 제노바인들이 비잔틴 제국을 감시하는 탑으로 개조했다. 현재의 탑은 14세기 이후 손실된 것을 개조한 것이다. 탑 맨 위층의 레스토랑에서 커피와 치즈케이크 한 조각을 들면서 걷기에 지친 몸을 달랬다. 갈라타 탑에서 좁은 골목길을 내려가 왼쪽으로 약간의 비탈길을 끼고 오르자 드디어 탁심거리와 마주친다. 탁심은 이스

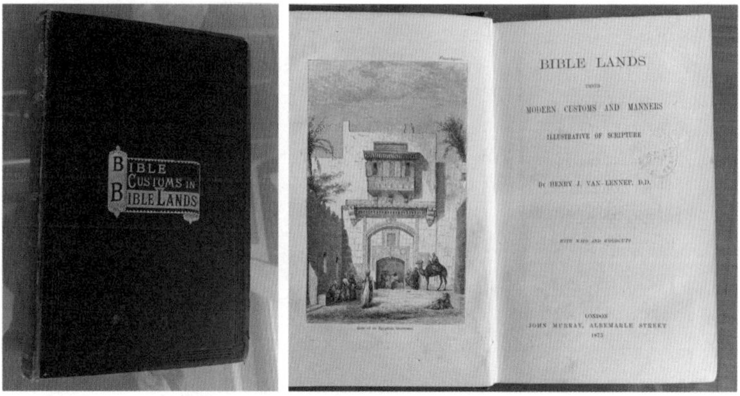

● 탁심 시내 고서점에서 구입한 1875년 판 'Bible Customs in Bible Land'

탄불 신시가의 상징이자 젊음의 거리, 역동의 거리이다.* 이스탄불은 사람의 물결이 도시 전체를 휩쓸고 있는 것 같다. 톱카프 사라이에서 갈라타 다리로 내려오는 길가이며, 갈라타 다리 위 아래층의 거리이며, 갈라타 탑에 오르는 길이며 온통 사람 천지다. 6년 전 때보다 훨씬 많은 관광객이 오고 있는 듯한 인상이다. 터키 경제와 사회의 역동과 활력이 느껴지고 있었다. 한마디로 이스탄불은 만원이었다. 역사 회고와 사색에 잠기려는 나그네에게 여유를 주기에는 너무 들뜬 분위기다. 탁심 중심가의 「옛 책방(Old book)」에서 오스만 제국 때의 세계지도 복사본 한 장과 1875년 런

---

* 최근 탁심 중심지에 4,000명이 사용할 수 있는 터키에서 가장 큰 '탁심 모스크'가 완공되어 2021년 5월 29일에 개방했다.

● 돌마바흐체 궁전

던에서 간행된 「Bible land and Customs」(Van Neunep 지음) 책 한 권을 구입했다. 얼핏 보니 오스만 제국의 생활습관, 동식물의 생태 등을 다루고 있다.

콘스탄티노플의 성벽의 폐허에서 여정을 마무리하다 – 술탄과 황제 모두 본분을 다했다

이튿날 호텔 체크아웃 후 근처에 있는 돌마바흐체 궁전을 찾

● 루멜리 히사르 요새

았다. 이번이 3번째다. 오스만 제국의 중흥을 바라고 지은 베르사유궁전을 모방한 유럽화의 상징이다. 그러나 끝내 새로운 시대를 잉태하지 못한 채 제국의 황혼과 함께 사라져간 비운의 궁전. 1856년 술탄 압둘메짓이 톱카프 궁전을 떠나 이곳으로 옮겨올 때 이미 오스만 제국의 명운이 다했음을 암시하고 있었던 것은 아닌가! 285개 방의 실내장식이 각각 다를 만큼 궁전 내부의 화려함이 극에 달하고 있다. 터키의 국부 아타튀르크가 숨을 거둔 방을 이제는 일반 관광객들에게는 공개하지 않고 있는 것이 6년 전 왔을 때와는 달라진 장면이다. 이어 15분을 흑해 쪽으로 달려서 루멜리 히사르(성)에 당도한다. 메흐멧 2세가 콘스탄티노플을 함락시키기 위하여 그의 충복 세 명의 장군에게 명하여 보스포로스 해협의 가장 좁은 곳에 있는 아나돌루성 건너편에 새로운 성채를 건설하라고 명했다. 세 장군은 불과 넉 달 만에 이 성채를 완성했다. 이 성채가 완성되고 1년 후인 1453년 비잔틴 제국(동로마 제국)은 그 수명을 다한다. 망루가 있는 성채 안은 서늘한 기온에 웅장한 원형 돔을 연상시키는 자태를 하고 있다. 성벽을 따라 걷다가 원형극장과 이슬람 모스크 쪽으로 발길을 돌리니 「1452」라는 돌로 된 숫자가 눈길을 끌었다. 1452년은 루멜리 히사르가 만들어진 해이다.

탁심거리 중심가 토쿄 스시집에서 일식으로 점심을 때우고 갈라타 다리를 건너 바로 왼편에 있는 동방정교회 총본부 사원, 그곳에서 멀지 않은 곳에 위치한 「오리엔탈 특급」 열차의 종착역이자 시발점이기도 했던 사르케지 역, 이어 과거 실크로드의 종착지였던 이스탄불의 물산집산지로서의 명성을 간직한 그랜드 바자르를 통과의례로 훑어보았다.

드디어 이번 여정의 대단원을 장식할, 마지막으로 찾은 곳이 콘스탄티노플 성채. 먼저 「1453년 파노라마 박물관」에 들러 1453년 5월 29일 콘스탄티노플 함락 당일의 상황을 360°의 파노라마 전경으로 특수음향 전자장치를 동원해 재연해 놓은 웅대한 장면을 본다. 2층의 파노라마실에 오르면 타임머신을 타고 가서 마치 그날의 성의 함락 장면을 직접 생생하게 보는 것처럼 느껴진다.

● 폐허가 된 콘스탄티누스 성벽에서

성의를 걸친 채 백마 위에서 우람한 자세로 전투를 지휘하는 메흐멧 2세의 모습이 손에 잡히는 듯했다. 박물관을 나와 성채 쪽으로 발길을 돌렸다. 난공불락의 성채로 알려졌지만, 술탄의 군대에게 무너져 폐허로 남은 쓸쓸한 자태를 접하니 이긴 자와 진 자 모두 어디로 갔는지 역사의 섭리에 겸허한 마음이 들 뿐이다. 승자인 메흐멧 2세도 패자인 콘스탄티누스 12세도 사나이답게, 술탄과 황제답게 제 역할을 다했고 역사의 떳떳한 페이지를 기록했다고 본다. 11개의 성문과 192개의 성탑을 거느리고 마르마라 바다에서 골든혼까지 6.5km에 걸쳐 난공불락의 요새로서 그 위용을 자랑했지만, 이제는 폐허로 변해 집시들의 은신처로 전락한 콘스탄티누스 성벽, 그 성벽의 중심부에 서서 멀리 보스포로스 해협과 마르마라해를 바라보고 있노라니 역사와 인간사의 무상함에 마음은 천리만리 갈피를 잡지 못하고 떠돌고 있다.

이제 방랑의 여정도, 꿈과 낭만을 좇던 시간도 마칠 때가 되었다. 계속 나그넷길(호모 바르투스)에 머무를 수는 없지 않은가! 일상으로 돌아갈 시간이다.

Epilogue

오스만 제국의 관용성(다양성의 존중)과 터키의 저력*

오스만 제국의 성격에 대한 재평가 필요성

1) 작년(2012년) 4월 2일 오스만 제국의 마지막 공주인 네슬리샤 오스마놀루 공주가 향년 91세로 이스탄불에서 사망했다고 외신이 전했다. 네슬리샤 공주는 오스만 제국의 마지막 술탄(황제)인 메흐멧 6세의 손녀로서 1923년 오스만 제국이 공식적으로 문을 닫기 2년 전에 태어난 유일한 왕족이었다 한다.

이스탄불의 이슬람 사원에서 거행된 네슬리샤 공주의 장례식

* 이 글은 2013. 11. 29 이스탄불 문화원에서 행한 초청 강연의 원고입니다.

에는 수많은 인파가 모여 그녀의 죽음을 애도했고 에르도안 터키 총리(현 터키 대통령)도 의회에서 애도의 뜻을 표했다고 한다. 그동안 관심을 가졌던 오스만 제국에 대해서 다시 한번 생각할 수 있는 시간이었다.

2) 오스만 제국은 13세기가 끝나는 마지막 해인 1299년 중앙아시아에서 떨어져 나와 서쪽의 중동과 발칸반도로 이주했던 튀르크 유목민들에 의해서 당시 비잔틴 제국(동로마 제국)의 일부였던 아나톨리아 반도의 서북쪽에 있는 부르사를 첫 도읍지로 해서 탄생했다. (부르사는 포에니 전쟁의 영웅인 카르타고의 명장 한니발의 묘가 있는 곳이기도 함) 셀주크 튀르크 제국과 티무르 제국을 사실상 계승했던 튀르크 이슬람 국가인 오스만 제국은 1923년 그 정신을 이어받은 현 터키 공화국에 의해서 멸망할 때까지 600년 넘게 존속하면서 세계사에 큰 족적을 남겼다. 특히 전성기인 15세기 중엽부터 16세기 후반까지 약 120여 년간 아시아, 아프리카, 유럽의 3대륙에 걸쳐 대제국을 건설함으로써 알렉산더 제국, 로마 제국, 몽골 제국, 대영제국에 버금가는 세계사의 주역을 담당했다.

그럼에도 서구(기독교관) 중심의 세계사에서 오스만 제국의 역사적 지위와 역할은 제대로 부각되지 못했고 그것마저도 부정적 측면을 애써 강조하고 있었다. 서구 역사학의 전적인 영향 하에 있던 한국의 세계사 교육에서도 마찬가지였다. 그리하여 우리는 아직도 서양이 공격하면 정복이나 위대한 승리이지만 동양(훈족, 몽골족, 오스만) 등이 공격하면 찬탈이나 파괴가 되어야 하는 세계사 교과서의 서술 방식에 익숙해 있다.

한마디로 오스만 제국사는 세계사 교과서에서 찢겨나간 페이지가 되었다. 이는 대단히 잘못된 것으로 이제 오스만 제국의 성격과 통치 스타일(다양성에 바탕한 관용성)은 재평가, 재정립되어야 한다고 본다. 그 점에 바로 오늘 강연의 의의를 두면서 내가 보고, 듣고, 조사하면서 느낀 점을 중심으로 아웃사이더로서 비록 전문가는 아니지만 열정을 가지고 하겠다.

세계사의 무대에 우뚝 선 오스만 제국

3) ① 서구인이나 우리는 흔히 오스만 제국을 오스만 튀르크 내지 오스만 튀르크 제국이라고 부른다. 그러나 터키인들은 그들의 과거 제국을 결코 오스만 튀르크라고 부르지 않는다. 오스만 제국은 단지 튀르크인들 만의 나라가 아니라 다양성과 공존, 관용의 정신이 살아있는 국제성을 띤 제국이었기 때문이다.

1299년 오스만 부족장에 의해서 건립된 이후 쇠퇴한 셀주크 튀르크의 유산을 흡수하면서 성장을 거듭했으나 1402년 앙카라 근처에서 티무르군에게 패배함으로써 국가 존망의 위기에 처한 때도 있었다. 그러나 이를 슬기롭게 극복하고 성장을 계속한 오스만 제국은 드디어 메흐멧 2세 때인 1453년 비잔틴 제국의 수도인 콘스탄티노플을 함락시킴으로써 1000년간 이어오던 동 로마 제국을 멸망시키고 세계사의 주 무대에 등장하게 되었다.

학계에서는 콘스탄티노플이 함락되던 1453년을 유럽의 중세가 막을 내리고 근세가 시작된 해로 여기고 있다. 그만큼 비잔틴 제국의 멸망은 세계사적 의의, 즉 서구 중심의 기독교 문명에 큰 타격을 준 사건이었던 것이다.

② 발상의 전환으로 고정관념의 뒤통수를 침으로써 오스만 제국의 웅비의 토대를 마련 21세의 청년 술탄 메흐멧 2세 – 배를 산으로 옮기다.

그는 '콘스탄티노플을 함락시키기 위해서는 골든혼 안쪽으로 배를 대야만 한다. 그러려면 배가 갈라타 언덕을 넘어가야 한다'는 기상천외한 발상을 한다. 드디어 1453년 4월 어느 날 메흐멧 2세는 오스만군을 지휘하여(수십 마리의 소까지 동원하여) 72척의 배를 하룻밤 사이에 갈라타 동편의 톱하네에서 끌어올려 언덕을 넘어 골든혼 쪽의 카슴파샤 바다에 내려놓는데 성공했다. 배가 산으로 간 것이다. 그 뒤 한 달 만에 콘스탄티노플은 함락되었고 동로마 제국은 멸망했다. (나는 이번 이스탄불 체류 기간에 갈라타탑과 그 주위를 찾아 과연 어느 지점이 배를 언덕으로 끌어올리고, 옮긴 곳인가를 꼼꼼히 살폈다)

4) 메흐멧 2세(1451~1481)에 의해서 제국의 토대를 닦은 오스만 제국은 그후 바예지드 2세(1481~1512), 셀렘 1세(1512~1520)를 거쳐 쉴레이

만 1세(1520~1566)에 이르러 아시아, 아프리카, 유럽에 걸친 영토를 확보함으로써 최전성기를 맞이한다. 나는 오스만 제국의 전성시대를 메흐멧 2세 즉위부터(1451~) 쉴레이만 1세(카누니 술탄 쉴레이만) 통치 시까지(1566)의 115년으로 보고, 이는 대청 제국(중국 청나라)의 전성기인 강희, 옹정, 건륭의 이른바 「강건성세」 130년에 버금가는 것으로 비유하고 싶다.

오스만 제국의 관용성(다양성)과 팍스 오스마니아(Pax Osmania)

5) 제국 정신의 핵심은 다양성과 관용성(포용성)으로서 그러한 정신이 쇠퇴할 때 제국은 멸망한다. 알렉산더 제국, 로마 제국, 몽골 제국이 그랬다. 오스만 제국은 종교, 민족 간에서의 관용성과 다양성이 최근세 사회에 이르기까지 인정된 대표적인, 아니 유일한 제국이 아닌가 한다.

오스만 제국은 수 세기 동안 피지배자들을 크게 압박하지 않고 통치해 왔다. 특히 이교도인 유대인(유대교), 기독교, 그리스 동방정교, 아르메니아 정교 등에 대한 이슬람의 관용원칙은 간혹 예외가 있긴 했지만 수 세기 동안 일관되게 지켜져 왔다. 그리하여 오스만 제국의 관용정신은 그 역사 대부분의 과정에서 오늘의 세계에 이르기까지 「다종교, 다민족 정치 체제」의 모범을 보여줬다고 평가하고 싶다.

6) ① 나는 아야소피아 경내를 관람하다가 한 무리의 한국 여행객들과 조우한 적이 있다. 그들 중 누군가가 아야소피아 벽면의 손상된 모자이크 성화를 보면서 오스만 제국이 저렇게 손상시켰다고 제법 큰 소리로 말하는 것이 들렸고 일행 대부분이 그 말에 고개를 끄덕이는 장면을 목격했다. 그러나 이는 잘 못 알고 있는 것이다. 손상된 모자이크 성화는 제4차 십자군 원정 때 같은 기독교인인 라틴 기사들의 물욕이 빚어낸 소행이었다. 오스만 군대는 그 위에 회칠을 해서 그 형상을 가렸을 뿐이다. 마찬가지로 카파도키아의 동굴 벽화(성화)의 파괴 역시 비잔틴 제국 시절 성상 파괴 운동 때였다.

② 비잔틴 제국을 멸망시킨 메흐멧 2세는 신앙에 있어 관용적이었으며 절대 광신적이지 않았다. 그 전통은 오스만 제국 말기까지 이어졌다.

a. 비록 아야소피아를 비롯한 이스탄불의 8개 기독교 교회를 모스크로 개조했지만, 성직자를 살해하거나 개종을 명하지도 않았다. 성당을 파괴하지도 않았다. 이슬람의 우상숭배 금지에 따라 회반죽으로 성화를 가리도록 했을 뿐이다. (스페인에서의 레콘키스타 이후 기독교 통치자들이 그라나다의 알람브라 궁전과 코르도바의 메스키타 모스크의 중앙 핵심 부분을 헐어내고 기독교 성당을 세운 것과 대비됨 - 직접 확인. 굴러들어온 돌처럼 볼품이 없었다)

b. 비록 관례에 따라 3일간(실제는 하루)의 약탈을 허용했으나 일반 민중에게는 해를 끼치지 않았다. 〈제4차 십자군이 예루살렘을 점령한 후 주민들을 대량학살한 사건과 콘스탄티노플 점령하고 아야소피아 내를 철저히 약탈한 사건, 더 나아가 같은 기독교도인데도 구교도가 수천 명의 신교도를 살해한 프랑스의 바르테름 대학살과 비교됨〉

c. 그는 정복후 바로 겐나디오스 2세를 기독교회(동방정교)의 총주교로 임명하였으며 기독교뿐만 아니라 유대교의 자치조직을 허용하였다. 그 결과 이스탄불의 인구는 20세기 초까지 비 무슬림이 더 많았다. (1885년 470,000명 중 비이슬람교도가 260,000명으로 나타남) 〈1492년 스페인을 완전히 정복한 이사벨 여왕이 이교도(무슬림, 유대인)들을 추방, 개종 강요, 종교재판 회부, 학살한 것과 대비〉

이교도가 인구의 절반이 넘는 수도를 가진 제국은 그 자체만으로도 충분히 위대하고 관용적이다.

③ 코란(꾸란 2장 256, 109장 7절)에는 자신의 신념과 다른 종교와 이념으로 강제 개종을 금지한 구절이 몇 군데 나온다. 종종 교회 강당에서 성직자가 '이슬람교는 한 손에는 코란, 한 손에는 칼'이란 극단적인 방법으로 포교를 하는 폭력적인 종교라고 매도하는 것을 볼 수 있다. 그러나 여기서 무슬림들이 표현하고자 했던 것은 '칼'이라는 폭력적 도구를 써서 포교 활동을 하겠다는 뜻이 아니라

신의 말씀을 생명처럼 지키겠다는 신앙인의 굳은 의지라고 한다.

④ '딤미'(중세 이슬람 사회에서 자신의 고유한 문화정체성을 유지하도록 허용된 이교도) 에게 주어졌던 이슬람 사회의 소수민족 보호 정책은 오스만 제국 시대에 '밀레트'라는 독특한 체제로 이어졌다. (그리스인, 아르메니아인, 유대인, 루마니아인, 슬라브인 등 소수민족 정체성과 종교 보호) 이와 같은 소수민족 공동체와의 조화와 공존이야말로 오스만 제국 600년 역사를 관통하는 기본적인 통치이념이었다.

반면 타 종교의 배척과 비(非) 백인민족에 대한 문화우월주의를 바탕으로 전 지구의 기독교화를 추구한 서구 기독교 국가의 정치적 논리가 바로 아시아, 아프리카, 라틴 아메리카의 점령과 수탈, 식민화로 이어진 대영 제국을 비롯한 서구 제국주의의 실체이다. 배타주의는 역사에 상처만 남길 뿐이다.

7) ① 귀족 출신만이 지배층으로서 높은 지위에 오를 수 있었던 유럽의 나라들과는 달리 오스만 제국은 신분, 출신지 등에 구애받지 않고 능력에 따라 얼마든지 높은 관직에 오를 수 있는 '신분 이동이 자유로운 사회'였다. 이야말로 제국의 관용성(포용성)과 국제성을 보여주는 것이다. 「데브시르메」 제도가 이를 잘 보여준다. '소집'이라는 뜻을 가진 데브시르메는 다른 민족이나 종교인 가운데 우수한 인재를 뽑는 제도로서 오스만 제국 초기인 1380년 무라드 1세 때 처음 실시한 이래 제국 존속기간 내내 그 역할을

다했다. 이 제도에 의해서 튀르크인이나 무슬림이 아니더라도 지배층의 지위를 가질 수 있었다.

② 대 재상 메흐메드 파샤는 세르비아계이며, 대 건축가 미마르 시난, 17세기 후반 반세기 동안 대재상을 지낸 쾨프륄리는 모두 알바니아 출신이고, 쉴레이만 1세의 부인인 록셀란 흐렘은 슬라브계 러시아인으로서 노예 출신이었다. 블루모스크(술탄 아흐멧 모스크)를 지은 아흐멧 1세의 어머니이자 예니모스크 건립을 지시한 「사피예 하툰」은 베네치아 출신이었다. 오스만 함대의 제독까지 오른 하이레닌 바르바로사*는 바르바리 제국의 해적 두목으로 정교회 출신이었다. 이밖에 「예니체리」의 핵심 장병 모두 이교도 이민족 출신이었다.

③ 쉴레이만 1세(대 쉴레이만) 때 합스부르크가의 대사로 이스탄불에 머무른 오큐드 부즈베크는 "오스만 터키에는 출생에 따른 차별은 없다. 반면 오스트리아에서는 문벌이 모든 것을 지배한다"고 한탄했다.

8) 팍스 오스마니아(Pax Osmania) – 오스만 제국에 의한 평화

---

* 하이레닌 바르바로사(1538년 200척의 기독교 연합 함대, 1522년 로도스섬에서 성 요한 기사단 각 격퇴, 1571년 레판토해전 패배)

① 현재 세계의 화약고로 불리는 중동지역은 500년 넘게 오스만 제국의 지배하에 있었다. 팍스 오스마니아 시대에는 얼마간의 작은 충돌이 있었는지도 모르겠지만 이민족, 이종교 또는 타종파 간의 심각한 분쟁은 거의 일어나지 않고 다양한 종교를 가진 집단이 그곳에서 평화롭게 생활했었다. 적어도 1차 대전까지는 중동의 이슬람 사회는 오스만 제국에 의한 소수민족의 지위 인정과 다원주의적 공존에 익숙해 있었다. 2000여 년간 아랍인과 유대인이 상대의 문화를 존중하면서 팔레스타인 지역에서 함께 공존해온 사실이 이를 잘 말해준다.

그러나 1차 세계대전의 패전으로 오스만 제국이 무너지자 순식간에 중동지역은 혼란에 빠져들었고 그 혼미는 오늘날까지 이어지고 있다. 새삼 오스만 제국의 종교, 민족에 대한 관용성이 느껴진다.

② 19세기 말부터 오스만 제국의 쇠락으로 유럽지역(발칸반도)에 있는 오스만 제국의 영토를 누가 차지할 것인가를 둘러싸고(이를 동방문제, Eastern Question이라 함) 팽창적인 유럽 열강들 사이에 국제적인 불안정 상태가 야기되었다. 결국 이 동방문제의 해결이 실패하자 곧바로(1914년) 제1차 세계대전이 촉발되었다.

유럽의 화약고인 발칸반도의 문제는 현재도 코소보 사태, 세르비아계에 의한 인종청소 등의 문제로 오늘날까지 그 명암을 길게 드리우고 있다. 이 역시 관용성과 다양성을 존중한 오스만의 지배, 팍스 오스마니아가 돋보였음을 보여주는 예이다.

9) ① 19세기 말 '붉은 술탄' 압둘 하미드 2세가 부르짖은 범(汎) 이슬람주의로 인하여 오스만 제국 내의 비이슬람 교도인 아르메니아인 유대인, 그리스인 등에 대한 적대심을 부채질함으로써 관용의 정신이 사라지고 제국의 붕괴로 이어졌다. cf. 청년터키당(범오스마니즘)

② 불행했던 역사로 기록될 아르메니아인의 박해, 학살 문제는 이와 같은 오스만 제국의 쇠퇴기에 열강의 역학관계에서 비롯된 것이다. (관용과 포용의 정신이 사라짐으로써) 아르메니아인의 민족운동이 러시아에 이용당하면서(러시아가 아르메니아 의용군을 이용해 터키침공계획을 세움) 불행이 시작되었다.

10) 오스만 제국의 관용과 상대에 대한 배려의 정신은 터키공화국 수립 직후의 다음과 같은 사례에서도 엿볼 수 있다.

나는 지난번 여정 때 이스탄불에서 트로이를 왕복하면서 다르다넬스 해협(터키에서는 차낙칼레 해협)의 양안을 관심을 가지고 둘러보았다. 오스만 제국이 1차 대전 때 패하였음에도 불구하고 터키 본토가 보전되어 오늘의 터키공화국으로 발전할 수 있었던 것은 이곳 다르다넬스 연안의 겔리볼루, 차낙칼레 등에서 벌어졌던 연합군(영, 불, 호주, 뉴질랜드, 인도군 등)과의 전투에서 무스타파 케말 아타튀르크 장군이 이끄는 터키(오스만 튀르크)군이 승리했기 때문이다. 따라서 다르다넬스 해협의 겔리볼루와 차낙칼레 지역은 현재 튀르크인들에게 성지나 다름없는 곳이다.

겔리볼루 부근의 안작마을의 역사공원에는 1차 대전 때 전사한 호주와 뉴질랜드 군인들의 묘지가 있다. 그 묘비에는 아타튀르크가 직접 쓴 다음과 같은 글이 비문에 새겨져 있다.

"피를 쏟으며 생명을 던진 영웅들아. 지금은 친구의 나라 땅에 누워 있구나. 평안하게 누워 있으라. 우리 땅에 나란히 누워 있는 조니(서양인)들과 메흐멧(터키 병사)들 사이에는 아무런 차이가 없다. 생명을 이 땅에 바쳤기에 그들도 우리의 아들이다."

전쟁이 끝난 지 얼마 지나지 않아 적군의 병사에게 이러한 예를 갖추고 그들을 포용하는 정신은 바로 오스만 제국의 오랜 관용과 공존, 화합의 전통을 그대로 물려받는 것이 아닌가 한다.

11) 1492년 스페인에서의 레콘키스타(국토회복 운동) 직후 스페인을 장악한 기독교 제국은 유대인들을 강제개종하거나 축출하기 시작했다. 당시 오스만 제국은 이들 추방된 유대인들을 수용하면서 그들의 능력과 자질을 인정하며 국정에 활용했다.

지금도 세계 각지에 흩어져 살고 있는 유대인 중에서 터키에 살고 있는 이들이 현지 사람들과 가장 사이좋게 지내고 있다고 한다. 그리고 터키에는 집시가 많기로도 유명하다. 이 모두 다원주의적 공존의 정신을 반영하는 것이다.

오스만 제국의 관용성에 바탕한 터키의 저력과 자긍심

12) ① 금년 봄 6년 만에 다시 찾은 터키는 이스탄불, 이즈미르 등 대도시뿐만 아니라 전역이 사람과 활기로 넘치고 있었다. 나는 터키의 지도급 인사들과의 대담을 통해서 터키인들의 정의(Justice), 공존, 화합, 배려의 정신이 바로 오스만 제국의 관용과 다양성의 존중 정신에서 면면히 이어져 오면서 터키의 자신감과 자긍심의 바탕이 되었음을 확인할 수 있었다. (물론 대화의 자리는 서울의 사흘람 회장과 웨이스 자문관의 주선으로 이루어졌다)

이즈미르에서 기업체를 운영하는 웃프크 예르칸(Ufuk Yercan) 사장은 터키사람들은 오스만 시대 아니 그 이전부터 남에게 베풀고 어려운 처지에 있는 사람들을 돕는 것을 전통으로 간직하고 있다면서 한국의 Rainbow Int'l School과 같이 세계 각국의 교육사업을 돕는 일에 자신도 직접 관여하고 있으며 현재 140여 국가에서 이러한 사업을 하고 있다고 했다.

그러면서 오스만 제국은 점령지 내지 통치지역의 주민들을 동등하게 대우하고 자존심을 상하게 하지 않으면서 그들의 기아와 빈곤을 다독여 주었다고 강조했다. 일례로 18세기 영국이 인접국인 아일랜드 기근 때 같은 인종이면서 그들을 핍박하고 학살할 때도 오스만 제국은 그들에게 먹을 것을 제공했다고 한다. 이어 중동, 발칸반도의 분쟁을 둘러싼 팍스 오스마니아에 대한 토론이 있었다.

특히 웃프크 사장은 오스만 제국의 관용과 공존의 정신에 바탕한 자신감으로 터키경제도 성장과 발전이 계속되고(up 되고) 있다고 자신 있게 말했다.

② 이스탄불에서 있었던 PASIAD(터키의 세계적 민간 교육문화지원 시스템) Ersin Karaoglan 사무총장과의 보스포로스 선상 대담에서도 에리슨 씨 역시 그 점을 강조하고 있었다. 그는 오스만 제국의 관용성의 일례로 심지어 오스만 제국은 이동 중 다치거나 허기에 지쳐 떨어진 철새들을 위한 병원 내지 쉼터를 만들 정도로 동물에 대해서까지 관용을 보였다는 사실을 지적하기도 했다.

그들의 견해에 전적으로 동의하면서 뜻깊은 대화를 이어갔던 기억이 새롭다.

③ 나 역시 터키에 열흘 정도 있으면서 터키 사회가 활력과 역동성이 넘치고 있음을 피부로 느낄 수 있었다. 특히 대단한 역사적 긍지, 찬란한 문화적 유산, 그리고 이슬람교를 바탕으로 건강

한 정신생활과 비교적 풍요로운 삶을 구가하고 있는 튀르크인들의 모습이 인상적이었다.

결론에 즈음하여

13) ① 오스만 제국이 보여준 관용성과 평화롭고 조화로운 공존(다양성)의 통치방식(정신)은 훨씬 전부터 튀르크 민족에 스며든 유목민적 유전자가 아닌가 한다. 그런 역사적 맥락에서 볼 때 터키인들의 친절함과 어려운 이웃에 대한 배려와 관심은 당연하다 할 것이다. 중앙아시아 우랄 알타이어 지역에서 서쪽으로 이동해간 튀르크족과 동쪽으로 이동해 한반도에 정착한 한민족과는 같은 유목민의 뿌리를 지녔다는 점에서 우리 한국인은 터키인의 위와 같은 관용과 공존, 배려의 정신을 본받을 필요가 있다고 하겠다. (터키는 돌궐이 선비족의 일파인 유연으로부터 독립한 AD 552년을 건국의 기원으로 삼아 1952년 터키 정부는 건국 1400주년 기념제를 열었다)

② 미국의 학자들 사이에서 오스만 제국이 중동지역을 다스리던 수백 년간 종교적 관용과 인종적 비 차별화 정책으로 평화를 유지했던 점에 착안하여 오늘날 꼬이고 꼬인 중동문제를 해결하기 위해서는 오스만 제국의 정신적 부활이 요청된다는 주장을 한 사람들이 나타나고 있다고 한다. 나는 중동지역뿐만 아니라 유럽 발칸반도 지역 역시 팍스 오스마니아의 정신으로 되돌아가는 것

이 궁극적 해결책이라고 본다. 아니 현재 전 세계의 인종, 종교 간의 갈등을 둘러싼 끊임없는 분쟁의 불씨를 누그러뜨리는 데에도 팍스 오스마니아의 정신이 필요하다고 할 것이다.

③ "오스만 제국을 연구하고 그에 세계사적 의미를 부여하는 중요한 이유는 바로 오스만 제국이 거의 대부분의 기간에 걸쳐 보여준 관용적인 통치의 모범 때문이다"

미국 뉴욕 빙엄턴 대학의 도널드 쿼터트 교수는 그의 저서 「오스만 제국사」 서두에서 강조한 말이다.

앞서 말한 바와 같이 확실히 오스만 제국이 수백 년에 걸쳐 보여주었던 다민족, 다종교 정치 체제의 모범적인 통치 스타일은 세계사에 그 유례가 없을 정도이다. 알렉산더 대왕의 정복민에 대한 관용과 배려의 정신, 칭기즈칸의 몽골제국이 보여줬던 다양성과 종교적 관용성 등이 그에 비견할 만하나 그 제국들은 오래 가지 못했다.

나는 터키가 역사적 유산 특히 오스만 제국의 관용성과 다양성, 평등과 공존, 배려의 정신을 바탕으로 자긍심과 자신감을 가지고 세계사의 무대에서 그 역할을 다하면서 우뚝 서기를 기대한다. 아니 그렇게 되리라고 확신하면서 이야기를 마무리하고자 한다.

내 마음의 여행지 코르도바, 아득하고 외로운 땅*

"해외 여행지 중 어느 곳이 가장 좋습니까?", "꼭 갈만한 곳을 몇 군데 추천해 주십시오."라는 질문을 받을 때가 있다. "어느 곳이든 다 가볼 만한 곳입니다" 그렇다. 그 지역의 역사, 인문 지리를 숙지하고 가면 보고 느끼고 배우는 데서 방문지의 우열은 없다. 역사를 알고 여행을 하는 자는 인생을 두 배로 사는 것이다. 방문지의 우열, 호오 등의 평가를 떠나 나는 힘들고 외로울 때 한 열흘 갔다 오고 싶은 곳이 있다. 내 마음의 행로가 머무는 여행지(旅行地)다. 스페인 안달루시아 지방의 코르도바(Córdoba)가 그곳이다. 지금은 인근 그라나다, 세비야 등의 대도시에 밀려 다소 퇴락해가는 중소도시지만 그곳의 역사와 풍광, 회고의 정한(情恨)이 나를 매료시킨다. 나는 두 차례 그곳을 방문한 적이 있다(1991년, 2012년).

---

* 이글은 국제PEN문학 2021년 3.4월호에 게재된 것임.

아래 글은 2012년 4월 두 번째 찾아간 때의 여정의 기록이다.

2012년 4월 12일 오후, 집시의 피를 이어받은 땅 그라나다를 뒤로하고 자동차로 2시간 20여 분을 달려 4시 30분 경 코르도바에 닿았다. 서기 711년 아랍 세력이 이베리아반도를 점령하고 첫 이슬람 왕조(칼리프)를 세운 땅이다. 그라나다에 비해 정돈된 느낌을 주는, 고색창연하고 쾌적한 분위기가 나를 들뜨게 한다. 거기에 더하여 시내 곳곳을 메우고 있는 오렌지 꽃의 향기가 낭만과 목가적 세계로 빠져들게 한다. 메스키타(Mezquita) 성당 앞의 정원을 가득 메운 오렌지 꽃의 향기를 처음에는 느끼지 못했으나 점차 콧속을 드나들며 마음 깊은 곳까지 스민다. 경쾌하고 가볍게 심리를 자극하는, 마치 찰나적 삶을 강요하는 듯한 그 향기가 온몸을 감싼다. 사방이 온통 오렌지 꽃향기로 가득하고, 나도 오렌지 꽃이 되어 거리를 활보한다. 좁은 골목에 마주 보고 들어서 있는 하얀 벽의 집집마다 발코니에 펼쳐 있는 꽃의 향연!* 길을 걷는 사람들의 얼굴에도 짙푸른 하늘과 하모니가 된 듯한 황홀의 표정이 넘쳐나고 있다.

* 코르도바에는 '발코니 경연대회'라는 전통 축제가 있다. 일 년 동안 정원이나 발코니에 가꾼 꽃들을 심사해서 가장 예쁘고 독특하게 단장한 집을 골라 상을 주는 독특한 축제다. 코르도바의 집과 거리가 아름다운 이유는 바로 이 축제 때문이 아닌가 한다.

“오렌지 꽃향기에 신록은 짙어가고 종달새 지저귀네!…”

오페라의 한 구절이 절로 흥얼거려진다.

숙소인 엘 콩코르디아 호텔 바로 곁에 메스키타 이슬람 대사원이 자리하고 있다. 석조기둥과 아라베스크 특유의 문양이 조화를 이루는 메스키타 사원은 그리스, 카르타고, 로마, 비잔틴의 양식까지 수용하면서 그 당시까지의 스페인 문명, 아니 세계 문명의 총화를 한껏 보여준다. 대(大)모스크의 1,200개의 기둥이 현재는 80여 개 밖에 남지 않았으나 그것만으로도 이렇게 웅장하고 화려할진대 코르도바를 정복한 기독교 세력이 이를 파괴하지 않았더라면 그 규모가 과연 어떠했을까 하는 안타까운 심정을 가눌 수 없다. 사원 한가운데를 다 뜯어내고 세운 가톨릭 성당은 외부에서 굴러들어온 돌처럼 어딘지 어색하고 물에 기름을 탄 것처럼 모스크의 장대한 풍경을 해치고 있었다. 실로 안타깝기 그지없다. 신성로마제국의 카를 5세는 ‘평범한 건물’을 짓기 위해 ‘특별한 건물’을 파괴한 것에 대해 후회한다고 했다.

메스키타의 돌기둥에 기대서 또다시 옛일을 상기하니 마음은 ‘알-안달루스의 신부’로 불리는 코르도바의 영광의 시절로 달려간다. 이슬람 우마이야 왕조의 마지막 군주의 손자인 압데라만 1세가 압바스 왕조의 탄압에서 피신하여 756년 이베리아반도에

● 숙소인 엘 콩코르디아 호텔 정원에서(2012. 4)

세운 독립 이슬람 왕국 알-안달루스(Al-Andalus)와 뒤이은 칼리프 왕조의 수도가 되어 300여 년간 번성한 코르도바! 전성기 인구는 50만(당시 런던, 파리는 각 1만과 3만), 대학 13개, 도서관 70개, 모스크 700개, 병원 50개였으며 도로는 포장되어 우마차가 청소했으며, 밤에는 가로등이 켜졌다. 당시 유럽에서 가장 문명화되고 번영된 도시로 아랍 문명과 기독교 세력의 본산이었던 바그다드, 콘스탄티노플과 쌍벽을 이룬 코르도바의 영광, 이제는 조그만 소도시에 불과한 그 나락의 세월들, 역사의 무상과 무념의 상념에 젖는다.

메스키타에서 10여 킬로미터 거리에 있는 메디나의 아자하라(Azahara)궁전을 찾았다. 코르도바 칼리프 왕조의 전성기를 꽃피운 압데라만 3세*가 건립한 궁전으로서 메스키타, 그라나다의 알람브라 궁전과 더불어 스페인의 이슬람 문화를 대표하는 건축물이었다. 압데라만 3세가 코르도바를 떠나면서 자기의 부인을 기리기 위해서 세웠다는 일화가 전해진다. 아자하라는 부인의 이름이다. 그러나 그런 일화보다도 바그다드 등 다른 지역의 이슬람 세력과 유럽 국가들에 자신의 위용을 과시하기 위해 건설했다고 보는 것이 더 역사적인 관점일 것이다. 궁전 안 연못에 있는 물고기들에게 줄 음식으로 매일 커다란 빵이 1,200개나 소비될 정도로 어마어마한 규모의 궁전이었으나 압데라만 3세가 고용한 용병들

* 우마이야 왕조가 압바스 왕조에 의해 멸망하자 우마이야 일족인 압데라만 1세가 스페인으로 도피해 새롭게 우마이야 왕조를 세운다. 압데라만의 우마이야 왕조는 프랑크 왕국의 압력과 노르만의 침입을 저지하여 국세를 신장시켰다. 압둘 라흐만 3세 때에 압바스 왕조 문화의 수입에 노력하였으며, 아자하라 궁전을 짓는 등 황금시대를 이룩하였다. 압둘 라흐만 3세는 스스로를 칼리프라고 칭하고, 이슬람 세계의 서방측 대표로 국토 개발과 학문 · 문예의 증진에 힘썼다. 이 결과 수도인 코르도바는 바그다드나 카이로와 견줄만한 상업 문화의 중심지가 되어 많은 상인과 유학생들이 모여들었다. 그러나 우마이야 왕조는 11세기 초부터 쇠퇴하기 시작해서 각지에서 반란이 일어나 멸망하였다.

● 메스키타 내부

에 의해 약탈을 당해 파괴되었다고 한다. 현재는 그 일부가 발굴되어 쓸쓸하게 석양빛에 자태를 남기고 있다.

압데라만 3세는 배척이 아닌 포용과 개방성을 원칙으로 왕국을 통치했기 때문에 그가 통치했던 코르도바는 그리스 철학이나 로마의 법률, 비잔틴과 페르시아의 예술을 받아들였고 유대교와 가톨릭 신학까지 연구했을 정도였다. 이로 인해 우마이야 왕조는 독립적인 황금시대를 구가하였다. 이처럼 생전 최고의 권력과 부와 사치를 누렸던 압데라만 3세, 그는 만년에 이르러 점차 이 모든 영화의 덧없음을 깨달으면서 외국의 사절을 접견할 때에 누더기 옷을 입고 온몸을 모래로 덮고 나오곤 했다곤 한다. 임종 때에는 "내 생애를 통틀어 행복했던 날은 오직 며칠밖에 되지 않았다."라고 탄식했다고 전해지고 있다. 문득 나도 지금까지 살아오면서, 아니 내 생애가 끝날 때 '행복했던 날은 과연 얼마나 될까'라는 자문을 던져본다.

이베리아반도의 남단에서 이슬람 문명의 황금시대를 꽃피우다 쇠락해진 코르도바의 노을을 바라보면서 갑자기 로마의 대 철학자이자 정치가, 네로황제의 스승으로서 막강한 영향력을 행사하다가 결국 네로에 의해 죽임을 당한 세네카가 이곳 코르도바에서 태어났다는 사실(史實)이 뇌리를 스친다. 클라우디우스 황제 치하에서 네로의 누이동생과 간통을 했다는 계략에 빠져 코르시카로 유배되었다가 네로의 모친 아그리파나의 보증으로 복권이 되어 네로를 가르쳤던 세네카는 네로가 황제가 된 후 막강한 권력을 누렸다. 그러나 그것도 잠시, 네로의 어머니 아그리파나 살해 음모에 연루되었다는 혐의와 네로를 몰아내려는 원로원 음모에 가담했다는 사실이 밝혀지면서 네로로부터 자살할 것을 권유받아 결국 독(毒) 당근을 마시고 파란만장한 삶을 마감했다. 그의 일생을 반추해보니 그가 왜 "네 자신의 마음 외에는 그 어떤 것도 신뢰하지 말라"고 외쳤는지 조금은 이해가 갈 것 같다.

해거름에 메스키타 옆 로마교를 찾았다. 과달키비르강을 가로지르는 그 유서 깊은 로마교. 그런데 이게 어인 일인가! 20년 전 찾았던, 그때 한밤중에 벌떡 일어나 다시 한번 보러 나갔던 그 로마교가 사라지고 없었다. 아니 그 자리에 시멘트로 떡칠한 볼품없는 대용품이 버젓이 서 있었다. 큰물이 졌을 때 다리를 보호한다는 명목으로 다리 밑동부터 난간, 다리 옆까지 현대식으로 덧칠해 버렸다. 마치 금방 산에서 캐어온 화강암으로 만든 볼품없는 건조물 같았다. (그래서 그런지 코르도바 소개 책자에는 덧칠하기 전 옛 모습의 사진을 모두 그대로 싣고 있다) 3년 전 다리 보전공사가 끝났을 때 많은 비판과 탄식이 있었다 하니 코르도바 시나 스페인 정부 당국은 그렇다 치고, 도대체 인류문화유산을 관리하는 유네스코는 무엇을 하고 있었단 말인가. 실망의 탄식이 저절로 나온다. 참으로 통탄할 일이다. 21년 전의 그 모습을 기억에 간직한 채 차라리 이곳에 오지 않았어야 했었다. 아니 오지 아니한 것으로 치겠다. 그렇게라도 치부해야만 마음의 평정을 찾을 것 같다.

내일 세비야에서의 숙박을 포기하고 곧바로 마드리드로 가기 위해서 고속전철 AVE의 티켓을 구하러 코르도바역으로 갔다. 16

● 로마교에서 본 메스키타 (코르도바 산타마리아 성당)

시 45분 세비야발, 19시 15분 마드리드 도착 티켓을 일반석 매진으로 부득이 일등석으로 구입했다(일인당 125유로). 저녁 식사를 제대로 하기 위해 스마트폰을 뒤져 찾아간 일식당은 실은 중국인이 경영하는 것이어서 그런지 도무지 일본 음식 같지가 않았다. 기대를 갖고 찾아간 아내의 실망에 좀 미안하기는 했지만 그래도 코르도바의 풍경 덕에 비교적 맛있게 먹을 수는 있었다.

밤 10시 30분 호텔을 통해서 예약해 둔 플라멩코 공연을 보러 호텔 근처 공연장으로 갔다. 사람들로 꽉 찼다. 공연이 시작되고, 음료도 제공되면서 흥이 돋기 시작한다. 세비야나 마드리드, 그라나다 어느 공연에 못지않게 공연 팀의 조화롭고 숙련된 팀플레이가 만들어 내는 환상의 무대가 볼만했다.

플라멩코는 안달루시아 지방 집시들의 춤과 음악이다. 한이 섞인 듯한 목소리로 열창하는 '깐딴데'의 숭고한 노래와 2명의 기타리스트가 빚어내는 낭만의 선율, 남자 1명과 여자 4명의 '바이라리스트'가 펼치는 뇌쇄적인 플라멩코 춤이 환상의 조합을 이루어내고 있다. 나도 흥이나 마음에서 솟는 환희와 박수를 아낌없이 보냈다. 아내 역시 현지에서 생방송으로 본 그 묘기에 넋을 잃는 듯했다. 공연이 끝나고 듬직한 체격의 뚱보 깐딴데에게 격려의 악수를 건네고 12시 넘어 공연장을 나섰다. 깊어가는 밤공기에 코끝으로 스며드는 오렌지 꽃향기는 여전히 마음을 설레게 한다. 20여 년 전 처음 찾을 때 이미 내 가슴에 깊이 각인된 코르도바, 이번에도 역시 나를 실망시키지 않았다(로마교의 덧칠만 빼고).

지치고 힘들 때면 찾아가고 싶은 곳, 어머니의 품처럼 따스하고 아늑함을 느낄 수 있는 곳 그러나 찾아가는 길은 멀고 쓸쓸하기만 하다. 17세기 초 코르도바를 사랑했던 스페인의 시인 루이스 데 공고라*는 「말 탄 이의 노래」라는 시에서 코르도바를 향한 간절한 마음을 이렇게 표현하고 있다.

"아, 길은 너무나도 길구나! 소중한 나의 말!
내 코르도바에 당도하기 전에 죽음이 날 기다리고 있구나!
코르도바, 아득하고 외로운 땅"

그렇다. 코르도바는 아득하고 외로운 땅이다.

고향을 찾아가는 시인은 "아, 길은 너무나도 길구나!"라는 탄식으로 인생의 지난함과 돌아가야 할 곳에 대한 그리움 그리고 모든 인간의 맞이해야 할 죽음의 운명에 대해 장엄하게 노래하고 있다. 나도 그 먼 길을 지금 걸어가고 있다.

---

* 코르도바 출생. 살라망카대학에서 수업하고, 1585년부터 코르도바 성당에서 근무하였으나 신앙에는 관심이 없고 시 쓰기에 몰두했다. 『대가집(大歌集)』과 『에스파냐 명류시인 명시집(名流詩人名詩集)』에 시를 많이 발표했다. 1612년에 마드리드로 거처를 옮겨, 이듬해 국왕 전속 신부가 되었다. 수년 후에 코르도바로 돌아왔으나, 기억상실증에 걸렸고 끝내 뇌졸중으로 죽었다.

권말 여담 2

터키인과 한국인은 형제지간인가?
- 터키공화국과 대한민국의 시원(始源)

1) 흔히 한국과 터키는 서로를 형제의 나라라고 말한다. 그래서인지 2002년 월드컵 4강 한국과 터키 3-4위 전에서도 양국 국민들은 승패를 떠나 서로를 응원했다. 그 이유로 보통 6.25 전쟁 중 터키군의 참전을 꼽는다. 물론 터키는 6.25 전쟁 때 미국, 영국, 캐나다 다음으로 많은 전투병력을 파견하여 미국 다음으로 많은 인명피해(전사 717명, 부상 5,247명)를 냈다. 그러나 더 정확한 이유는 한국인과 터키인은 그들의 먼 선조가 한 뿌리에서 파생되었다는 데 있다고 보아야 한다. 양 국민의 민족적 DNA가 같다고 보아야 한다.

우리 한(韓)민족의 조상인 예맥(濊貊)족은 아득한 옛날 중앙아시아에서 기원하며 만주 몽골계, 튀르케 들을 포함한 같은 조상에서 갈라져 나온 것으로 알려지고 있다. 즉 아득한 옛날 알타이 문화권을 형성하면서 튀르크인들과 한 핏줄로 살았다. 이처럼 한민족과 튀르크족(터키족)은 공통의 조상을 갖고 한민족의 무리는 동쪽으로 이동하여 고조선, 부여, 고구려, 동예, 옥저, 백제 등으로 분

화되었고, 튀르크족은 서쪽으로 이동하였다. 서쪽으로 이동한 터키족은 흉노로부터 시작하여 돌궐족, 위구르족으로 이어지고 그들의 일파가 11세기 후반 다시 서쪽으로 진출해 아나톨리아반도(소아시아반도)에 정착하여 셀주크제국에 이어 오스만 제국을 건설하여 500년간 세계를 호령하다가 1차 세계대전 패배로 멸망 위기에서 아타튀르크의 영도하에 1924년 터키공화국을 건설하여 오늘에 이르렀다.

이러한 연유로 이산민족이 된 양 민족은 돌궐과 고구려, 백제가 동서로 헤어진 지 1500년이 지난 1950년 한반도에서 전쟁이 발발하자 중국과 소련을 격퇴하기 위해서 수천 킬로미터 떨어진 곳으로 달려왔던 것이리라.

2) 터키에서의 국사는 민족사 – 터키의 건국년

터키 정부는 1952년 '터키공화국 건국 1400주년' 기념행사를 가졌다. 케말 무스타파 아타튀르크가 공화국을 건설한 것은 30년밖에 되지 않았고 오스만제국이 세워진 것은 1299년이므로 그때부터 계산해 봐도 650년밖에 지나지 않았다. 1952년부터 1400년을 거슬러 올라가면 552년이 된다.

중국 역사서 《자치통감》에 바로 552년에 돌궐(突厥)의 수장인 토문(土門, 이리가한)이 유연(柔然)을 격파하고 그 수장 두병가한(頭兵可汗)을 자살하게 했다고 적혀 있다. 돌궐이란 물론 투르크(터키)족을 말한다. 돌궐은 흉노의 일파로서 사마천의 《사기》에는 정령(丁靈)으로 언급되고 있다. 돌궐은 몽골계 민족인 유연에 속해있었으나 552년 토문이 유연을 격파하고 독립하였기 때문에 터키는 그해를 건국의 해로 본 것이다. 그렇지만 그 장소는 현재의 터키가 위치한 아나톨리아 반도에서 멀리 떨어진 중앙아시아의 알타이산맥 부근이다. 앞서 본 바와 같이 흉노로부터 시작한 터키족은 돌궐족, 위구르족으로 이어지고 그들의 일파가 다시 서쪽으로 진출해 아나톨리아 반도에 정착하여 셀주크튀르크 제국, 오스만 제국에 이어 1924년 오늘의 터키공화국을 건설한 것이다. 때문에 터키에서의 국사는 영토사가 아니라 흉노로부터 시작하는 민족사를 의미한다. 반면 현재 터키 국토인 아나톨리아 반도에서 명멸했던 히타이트, 우르라트, 프리기아, 사산조 페르시아, 비잔틴 제국의 역사는 세계사로 가르치고 있다.

또 하나 흥미로운 사실은 터키 육군 창설일을 흉노제국이 건설된 기원전 209년으로 보고 있다는 점이다. 즉 터키 육군사령부는 흉노제국의 창건자 묵돌이 정규군을 조직하고 즉위한 기원전 209년을 터키 육군이 창건된 해로 지정하고 있다. 사단(터키어 튀멘(Tümen) 규모인 1만 명으로 조직되고 그 아래 천(千)의 장, 백(百)의 장, 십(什)의장 으로 지휘체계를 가진 흉노의 군사체계는 돌궐 위구르, 셀루크, 오스만제국 시대로 그대로 계승되었다(터키 육군사령부 홈페이지 www.kkk.tsk.tr - 「튀르크인 이야기」 이희철 저, 39쪽에서 재인용).

3) 대한민국의 시원은 단군조선 개국년으로 보아야

중국의 황허문명보다 앞선 BC 4500-3000년경 중국 내몽골 자치구 적봉시 홍산을 중심으로 당시로써는 고도로 발달된 홍산 문명이 한(韓)민족의 원형인 동이족에 의해서 꽃을 피웠다. 이러한 문명의 터전 하에 우리 한민족은 BC 2333년(중국 요임금과 동일한 시기) 단군왕검이 아사달에 도읍을 정하고 국호를 조선이라 하여 나라를 세웠다. 이는 《삼국사기》와 더불어 우리 고대사의 기본 사서인 《삼국유사》에 명문으로 기록된 사실(史實)이다. 단군왕검에 의한 고조선의 개국을 한낱 신화적 사실로 치부하고 이를 부인하는 것은 중원중심주의에 바탕을 둔 사대주의 사관과 식민사관에 세뇌된 자기 비하의식의 발로이다.

자국의 역사를 국수주의적 시각에서 바라보는 것은 세계 모든 국가의 공통된 현상이다. 그리고 기존의 역사는 다음 사실, 즉 새로운 기록과 유물이 발견될 때까지 유효한 극히 부분적인 삶의 기록이다. 최근에 이르기까지 계속해서 밝혀지는 홍산문명과 고조선에 관한 사료의 해석과 유물의 발굴은 고조선이 더 이상 신화 속 상상의 국가가 아닌 현실의 당당한 국가였음을 명확하게 보여주고 있다. 허베이성을 관통하는 난하를 경계로 중국과 국경을 접한 고조선은 부여, 고죽국, 고구려, 예, 맥, 기자국, 위만국, 진번, 낙랑, 숙신, 옥저, 삼한 등을 거수국(제후국)으로 삼아 번성해 오다가 차차 쇠퇴하여 요동으로 밀려나면서 한반도와 만주 일대를 중심으로 '열국시대'를 열게 되었다. 이어 고구려 · 백제 · 신라 · 가야의 '사국시대', 발해 · 통일신라의 '남북국 시대', 고려 · 조선 · 대한제국 · 대한민국으로 연결되는 민족사적 정통성을 이어 왔다.

따라서 민족사적 시원에서 본 오늘의 대한민국의 개국년은, 터키가 돌궐족으로 불렸을 때, 몽골족의 일파인 유연으로부터 분리, 독립한 때를 건국기념일로 본 것처럼 단군왕검에 의해서 고조선이 건국된 BC 2333년으로 보아야 한다.